2021中国城市
地下空间发展蓝皮书

中国工程院战略咨询中心
中国岩石力学与工程学会地下空间分会
中国城市规划学会

科学出版社

北　京

内 容 简 介

　　本书汇集了"十三五"期间中国城市地下空间的基础数据与核心指标，以 2020 年地下空间发展为重点研究对象，全景式展示中国城市地下空间从顶层设计到行业与产业发展等领域的最新成就，通过关键数据与要素评价，揭示地下空间与城市现代化发展在不同维度和层面的内在关联轨迹，为"十四五"期间城市可持续发展和国土空间资源复合利用提供地下空间方面的专业建议。

　　本书适合从事城市地下空间开发利用的政府主管部门人员，规划、设计和施工技术人员及科研人员阅读使用。

京审字（2023）G 第 1105 号

图书在版编目（CIP）数据

　　2021 中国城市地下空间发展蓝皮书 / 中国工程院战略咨询中心，中国岩石力学与工程学会地下空间分会，中国城市规划学会著. —北京：科学出版社，2023.5

　　ISBN 978-7-03-074683-2

　　Ⅰ.①2…　Ⅱ.①中…　②中…　③中…　Ⅲ.①城市空间–地下建筑物–研究报告–中国–2021　Ⅳ.①TU92

　　中国国家版本馆 CIP 数据核字（2023）第 005415 号

责任编辑：王丹妮　陶　璇／责任校对：王晓茜
责任印制：张　伟／封面设计：有道设计

科学出版社 出版
北京东黄城根北街 16 号
邮政编码：100717
http://www.sciencep.com
北京中科印刷有限公司 印刷
科学出版社发行　各地新华书店经销

*

2023 年 5 月第 一 版　开本：787×1092　1/16
2023 年 5 月第一次印刷　印张：11 3/4
字数：285 000

定价：136.00 元
（如有印装质量问题，我社负责调换）

编　委　会

序　言

自工业革命以来，资源和财富在空间上高度集聚，推动世界各国的城镇化进程。城市地下空间的开发利用正是在此背景下，历经 200 余年，从浅层利用到大规模开发，从解决城市问题到提升城市竞争力，空间资源的集约复合利用已经被视作支撑城市现代化持续发展的标准范式。21 世纪以来，中国快速的城镇化进程也仍遵循着这一地下空间的轨迹，不同的是在地下空间开发的时间维度上，呈现独具中国特色的发展速度。以城市轨道交通、综合管廊、地下停车为主导的中国城市地下空间开发每年以超过 1.5 万亿元人民币规模的速度增长，为推动中国经济有效增长，推进供给侧结构性改革提供了重要的产业支撑，中国已然成为领军世界的地下空间大国。

然而，从全国城市地下空间整体发展格局来看，由于缺少国家战略层级的顶层设计和统筹谋划，各地不同程度的地下空间资源浪费现象较为普遍。较发达城市的浅层资源已几近枯竭；地下空间行业发展参差不齐，地下空间产业链尚需整合，市场潜力没有得到充分挖掘；前沿技术、科技创新、信息服务、人才培育等专业核心竞争力投入不足，相关体系亟待完善。其中，城市地下空间的"数字短板"显得尤为突出，以至于地下空间综合治理、规划建设、运维管理等方面都受到影响，一直以来被致力于地下空间事业的各界人士引以为憾。

自 2014 年起，作为我国少数专业从事城市地下空间研究与实践的团队，为适应中国城市地下空间快速增长需求，让全社会更多的人关注中国城市地下空间发展，不以利谋名，秉持公心，历经多年积累技术经验和核心数据，充分挖掘利用公共信息资源，不以时空限界为拘束，坚持用数据说话、让非专业人士看懂的编写主旨，每年向社会发布《中国城市地下空间发展蓝皮书》，以期扩大地下空间认知受众，宣传中国地下空间建设成就，传授中国地下空间发展经验，指引中国地下空间发展趋势。

该报告自发布以来，引起各界广泛关注，报告内容流传于线上线下。作为中国唯一连续公开出版的地下空间出版物，该报告所核定的基础数据和观点已被多座城市官方引录。本次出版《2021 中国城市地下空间发展蓝皮书》，借助首善之都的学术平台和传播媒介，冀获更为广泛的瞩目。

中国工程院院士

钱七虎

目　　录

2020 年地下空间大事记

1 月 19 日

自然资源部办公厅组织相关单位围绕轨道交通地上地下空间综合开发利用，总结地方推动节约集约用地的典型经验，编制完成《轨道交通地上地下空间综合开发利用节地模式推荐目录》。

3 月 25 日

国产首台永磁驱动矩形顶管机顺利贯通首区间，装备应用于深圳华为坂雪岗地下人行通道工程。该工程单次顶进距离为 144 米，是目前国内 10 米级以上大断面矩形顶管机单次顶进距离最长的隧道。国产首台永磁驱动矩形顶管机的成功应用，打开了城市地下通道顶管施工的新局面。

4 月 20 日

国家重大水利工程、粤港澳大湾区标志性项目——珠三角水资源配置工程中全线最长人工钻爆隧洞正式动工。该工程输水线路全长约 113 公里，采用地下深埋盾构方式，在纵深 40 米至 60 米的地下空间建造。

5 月 18 日

上海苏州河深隧工程 SS1.1 标和 SS1.2 标套铣法超深地下连续墙的成功实施，标志着"百米级"地下连续墙施工技术趋于稳定成熟，不仅为苏州河段深层排水调蓄管道系统后续工程的顺利实施奠定了坚实基础，也为软土地层深层地下空间的开发提供了新方法。

6 月 12 日

住房和城乡建设部办公厅编制《城市轨道交通工程建设安全生产标准化管理技术指南》，以加强城市轨道交通工程建设安全生产工作，提升安全生产标准化管理水平。该技术指南同样也适用于城市地下空间开发中重点地下基础设施（综合管廊①、地下综合体等）建设的质量安全管理。

9 月 13—14 日

2020 盾构 TBM（tunnel boring machine，隧道掘进机）与掘进关键技术暨盾构 TBM 再制造技术国际峰会在郑州举办。会议主题为"深化盾构 TBM 技术创新，推进盾构 TBM 智能发展"。该国际峰会由盾构及掘进技术国家重点实验室牵头主办，为盾构行业提供了相互促进、共同发展的平台，促进了隧道和地下工程建设的进一步发展，对推动我国重大装备和施工技术持续创新突破发挥了重要作用。

---

① 本书涉及地下综合管廊的统计与分析内容，根据《城市地下空间利用基本术语标准》（JGJ/T 335—2014），统称为综合管廊；涉及直接引用的部分，依据原文对地下综合管廊的名称不做修改。

10 月 30 日

国内首个"预留通道+地下管廊"一体化项目——河北雄安新区容东片区综合管廊干线实现贯通。该项目采用双层结构，上层预留物流通道，下层集纳市政配套基础设施管线，可满足未来该片区城市能源、电力、通信、供水的传输需求，物流通道建成后可行驶双向两车道的无人驾驶物流车，为实现城市智能物流配送提供保障。打造地下管廊"雄安样板"，引领综合管廊未来发展方向。

11 月 17 日

上海"陆翔路-祁连山路贯通工程 II 标矩形顶管机"顺利到达接收井，标志着这条世界最长超大断面矩形顶管工程东西双线正式贯通。

11 月 25—26 日

"中国城市规划协会地下管线专业委员会 2020 年年会"在上海举办，主题为"常态化防疫下——地下管线新动能"。年会总结 2020 年及近年来该专业领域的技术进步、管理经验，并与其他行业组织共同就地下管线行业出现的热点、焦点、难点问题进行交流研讨。

12 月 26 日

由中国工程院战略咨询中心、中国城市规划学会主办的"国土空间规划契机下地下空间的机遇与挑战"学术研讨会暨《2020 中国城市地下空间发展蓝皮书》发布会在北京举办。该学术研讨会紧扣地下空间规划学科自身的特点，在国土空间规划战略背景下，以该蓝皮书发布会为契机，在顶层设计、学科趋势、行业动态等领域探讨地下空间的未来发展。

第1章

地下空间纵览

1.1　中国新型城镇化下的地下空间发展格局

随着中国新型城镇化的快速推进，城市地下空间将成为与"领土、领海、领空"并行的"第四国土"资源，为推动中国经济高质量增长和推进供给侧结构性改革提供重要支撑，今后将持续提供不竭动力。以空间分布的集聚程度来衡量，截至 2020 年底，中国城市地下空间仍延续"三带三心多片"的总体发展格局，如图 1.1 所示。

图 1.1　中国城市地下空间发展格局

其中，"三带"指的是中国三条城市地下空间开发利用连绵带，分别为东部沿海带、长江经济带和京广线连绵带。

"三心"指的是中国三个城市地下空间发展中心，区内地下空间开发利用整体水平领先全国。从在中国的区域位置来看，"三心"分别为北部发展中心、东部发展中心和东南发展中心。北部发展中心为京津冀都市圈，地下空间发展从人防政策要求建设逐步向市场化主导过渡。东部发展中心为长江三角洲城市群（简称长三角城市群），东南发展中心为粤港澳大湾区，两者在地下空间发展上均以市场力量为主导。

"多片"指的是以各级中心城市为核心，以不同规模城市群为主体呈多元分布的地下空间集中发展片区。"多片"分别为以成都和重庆为核心的成渝城市群地下空间发展片、以郑州为核心的中原城市群地下空间发展片、以西安为核心的关中平原城市群地下空间发展片。典型特征是区内城市在"十三五"期间发展水平提升较快，通过政府引导和市场力量共同作用推动地下空间发展，城市群中心城市的地下空间发展较领先，逐步接近"三心"城市，而其他城市与城市群中心城市相比，差距仍较大。

综观"十三五"时期，中国城市地下空间开发态势与中国城镇化发展有着非常显著的黏附特征，整体呈现出城镇化率较高的城市的地下空间人均规模、地下交通设施规模等指标值较大，地下空间市场化建设程度较高。

以地铁建设为例，截至 2020 年底，已运营地铁的城市中，63.2%的城市位于"三带三心多片"，39.5%的城市位于"三心"中，各城市地铁建设与地下空间发展态势高度契合，如图 1.2 所示。

图 1.2　截至 2020 年底中国地铁运营城市分布图

1.2　中国成为领军世界的地下空间大国

1.2.1　中国地下空间的影响力

新型城镇化战略推进下，城市空间需求持续增长，对人居环境质量提出新要求，城市地下空间开发利用被赋予新的历史使命，在城镇化品质的提升上发挥着不可替代的关键作用。

综观世界地下空间发展历程，中国城市地下空间建设始于 20 世纪 50 年代，主要为备战备荒的防空地下室，较欧美、日本等发达国家和地区起步晚，但凭借强大的国家力量、经济驱动和功能需求，中国地下空间开发利用发展迅速。

自本系列报告编制之初（2014 年），中国以地铁为主导的地下轨道交通、以综合管廊为主导的地下市政等快速崛起，城市地下空间开发利用呈现规模发展态势，中国不仅在建设数量、建造速度、勘测手段与建造工艺上实现了世界领先，在规划设计、装备制造和运营管理等方面也逐渐赶超发达国家（或地区），成为名副其实的地下空间开发利用大国，并引领地下空间的发展。

1.2.2　"十三五"期间中国地下空间发展规模概述

截至 2020 年底，中国（本报告中除明确注明，各项统计数据均未包括香港特别行政区、澳门特别行政区和台湾省）城市地下空间建筑面积（以下简称地下空间面积）累计达 24 亿平方米。

其中，2020年中国城市新增地下空间面积（含轨道交通）约2.59亿平方米，如图1.3所示。新增地下空间面积同比增长0.78%，占同期城市建筑竣工面积约22%，而长三角城市群以及粤港澳大湾区中的珠三角城市群，该比值达到24%，共同构成主导中国城市地下空间发展的增长极。

"十三五"期间，中国累计新增地下空间建筑面积达到13.3亿平方米，以2020年《第七次全国人口普查公报》（以下简称七普）统计的城镇常住人口90 199万人计算，新增地下空间人均面积为1.47平方米。"十三五"期间累计新增地下空间面积最多的省级行政区划单位依次为江苏（1.76亿平方米）、山东（1.29亿平方米）、广东（1.24亿平方米）、浙江（1.01亿平方米），如图1.4所示。

图 1.3　2020 年各省区市新增地下空间建筑面积比较

资料来源：各地自然资源（规划）局、人防办（民防局）、住房和城乡建设局，部分根据国家统计局及各地 2021 年统计年鉴、2020 年国民经济和社会发展统计公报数据计算

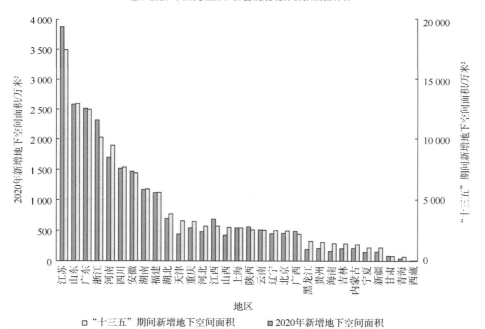

□"十三五"期间新增地下空间面积　■2020年新增地下空间面积

图 1.4　"十三五"期间各省区市新增地下空间面积比较

1.3 　 2020 年中国各区域地下空间发展综评

依据国家统计局关于东、中、西部和东北地区的划分,以 2020 年为重点研究对象,时间范围延伸至"十三五"期间,分区域进行地下空间发展综合评价,以便深入剖析全国地下空间发展的区域特征。

1.3.1 　 东部地区——中国城市地下空间开发利用的主驱动

东部地区汇集了中国重要的社会资源、科创力量和资本市场,政策支撑文件颁布数量较多,覆盖广泛,规划管理体系相对完善;地下空间行业多元发展,市场空间最大,地下空间专有技术与装备的创新较为频繁,是中国城市地下空间发展的核心驱动力。

2020 年,东部地区城市地下空间新增面积同比增长 3.78%,远超全国平均水平(增长率为 0.11%),其中,增长幅度最大的依次为浙江省(33.2%)、江苏省(14.9%)、上海市(10.0%)。

1.3.2 　 中部地区——地下设施系统快速崛起,治理体系逐步完善

"十三五"期间,中部地区的地下空间发展速度较快,充分反映了中国城市地下空间的发展轨迹,具体表现为:城市地下空间从粗放管理到管理机制逐步完善,初步建立地下空间治理体系;地铁、综合管廊等城市地下设施系统的快速崛起提升了城市经济与社会影响力。

中部地区地下空间专业教育资源较丰富,平均每个省级行政区划单位拥有超过 3 所开设城市地下空间工程专业的高等院校,而东部地区平均每个省级行政区划单位不足 3 所,中部地区持续为中国城市地下空间发展培养并输送大批技术人才。

1.3.3 　 西部地区——城市与地下空间建设速度放缓,专业教育资源不足

2020 年,以陕西、四川、广西、云南为代表的省级行政区,其城市建设速度缓慢提升。伴随城市建设的地下空间发展,西部地区与东部地区的差距进一步拉大,地下空间新增面积的差距值同比增加 13.25%。"十三五"期间,仅成渝城市群、关中平原城市群的核心城市地下空间发展较好,其他城市未有显著变化。

西部地区的地下空间专业教育资源稀缺,从事地下空间领域研究的专业机构短缺,这仍是制约其地下空间发展的重要因素之一,以上短板在"十三五"期间尚未得到有效改善。

1.3.4 　 东北地区——与其他区域差距渐大,法治建设亟待完善

"十三五"期间,东北地区的城市地下空间新增面积逐年减少,2020 年数值达到最

低位，与其他地区的差距逐渐扩大。城市地下空间管理机制、法治建设仍不完善，"十三五"期间颁布的涉及地下空间的政策及规范性文件较少，其中 2020 年仅新增 1 部。

但东北地区注重地下空间专业教育资源的扩充，辽宁、吉林、黑龙江分别有 5 所、4 所、3 所开设城市地下空间工程专业的高等院校，为中国城市地下空间专业发展与学术研究做出了贡献。

1.4　地下空间治理体系

1.4.1　地下空间自上而下治理文件的精细化

根据各级政府公开文件整理，截至 2020 年底，中国各层级颁布有关城市地下空间的法律法规、规章、规范性文件（以下简称地下空间治理文件）共 530 部。

根据历年颁布的地下空间治理文件分析可得，中国城市地下空间法治建设始于 1997 年颁布的部门规章——《城市地下空间开发利用管理规定》，历经聚焦城市层面的规模管理到轨道交通、综合管廊、地下停车库等功能设施建设的分类精细化管理的转变，城市地下空间治理体系不断完善，如图 1.5 所示。

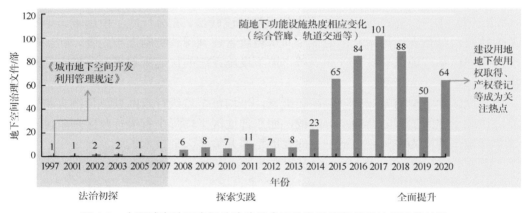

图 1.5　中国城市地下空间法治建设发展阶段及历年相关法规政策统计

截至 2020 年底，国家行政法规正文中虽未提及地下空间，但在国家出台的规范性文件中有所涉及。针对近年频繁出现的建设用地使用权问题，国家在 2019 年修正的《中华人民共和国土地管理法》以及 2020 年出台的《中华人民共和国民法典》等基础性法律政策中，明确了土地所有权和使用权的分离，建设用地使用权可以在土地的地表、地上或者地下分别设立，为地下空间开发利用相应权利的确立提供了法律支撑。

由于顶层设计在地下空间诸多方面的缺失或不确定性，地方性地下空间治理文件从完善地下空间保护与开发、解决城市实际需求出发，内容涉及地下空间开发利用与管理、规划编制要求、地下功能设施的建设标准等多方面。

1.4.2　初步构建城市地下空间规划管理体系

根据中国政府采购网及各级政府公共资源交易中心官网中"地下空间规划""地下空间及人防工程规划"的招标信息与中标公告整理，"十三五"期间共 218 个城市编制各类地下空间规划共 645 项，总体上每年的地下空间规划项目的编制数量呈增长态势，由 2016 年的 95 项增长到 2020 年的 178 项，规划项目编制数量接近翻倍。

随着 2019 年国土空间规划体系优化调整，以国土空间规划为依据的部分城市规划编制延期或停滞。作为城市重要专项规划之一的地下空间规划受此影响，2019 年、2020 年相应的规划设计及研究项目的编制周期延长。

为完善地下空间规划的理论支撑，适应国土空间规划体系中"体现战略性""提高科学性""注重操作性"的编制要求，越来越多的城市在编制地下空间专项规划之前或同步开展相应研究，制定导则。从专业视角出发，以研究数据为支撑，提出城市地下空间的规划蓝图，确保国土空间规划的精准管理与有效实施。

在此背景下，"十三五"期间，地下空间规划项目中的专题研究、城市设计、技术导则等编制数量总体上呈增加态势，且在 2020 年达到顶峰，如图 1.6 所示。

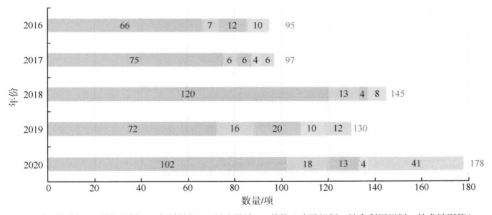

图 1.6　"十三五"期间地下空间规划编制不同层次（类型）数量分析

2020 年，地下空间规划管理以研究课题为支撑，项目类型已涉及地下空间专项规划、详细规划、设计等不同层面，管理阶段与措施贯穿于地下空间资源—开发—建设—施工—运维等全生命周期各个环节。据此我国初步构建了城市地下空间规划建设管理体系。

1.5　地下空间信息传播

地下空间在缓解交通拥堵与停车位不足问题、优化城市功能、提高环境质量、完善基础设施等方面发挥着重要作用，既能作为地下设施载体，亦可供居民活动使用，应用场景丰富。然而，目前大众对地下空间的基本常识、法规政策、建设动态等认知有限。

经调研发现，现阶段中央媒体、地方媒体与商业媒体均在地下空间的信息传播与知识普及方面发挥了重要作用，2020 年共发布地下空间资讯 1295 篇（详见 7.4 节），共同引导地下空间领域的良性发展。

中央媒体与地方媒体重点向公众展示地下工程建设情况。

地方媒体成为现阶段地下空间法治普及、灾害与事故公开的主阵地，并进一步推广中国在地下空间法治建设方面取得的成就。地方媒体及时向公众公开、公布地下空间灾害与事故的成因与影响，这对地下空间灾后恢复、事故处理以及灾害与事故的预防意义重大。

中央与地方媒体关注轨道交通的投资、建设、运营等，商业媒体提供的地下空间资讯更贴近生活，主要展现地下空间功能设施建设取得的效益、建设中及建成后的影响，如轨道交通建设带来周边房地产增值，工程建设时及完工后对居民出行的影响等。

第 2 章

城市地下空间发展综合实力评价

2.1　地下空间综合实力评价体系构建

根据民政部发布的《2020 年民政事业发展统计公报》，截至 2020 年底，全国共有省级行政区划单位 34 个，地级行政区划单位 333 个。

本报告将各城市置于同一评价标准体系，以此统一衡量和评价该城市地下空间发展的真实水平。城市地下空间综合实力评价体系图如图 2.1 所示。

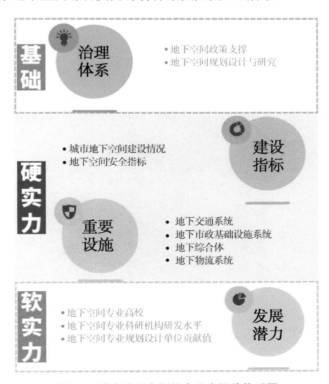

基础
治理体系
· 地下空间政策支撑
· 地下空间规划设计与研究

硬实力
· 城市地下空间建设情况
· 地下空间安全指标
建设指标

重要设施
· 地下交通系统
· 地下市政基础设施系统
· 地下综合体
· 地下物流系统

软实力
· 地下空间专业高校
· 地下空间专业科研机构研发水平
· 地下空间专业规划设计单位贡献值
发展潜力

图 2.1　城市地下空间综合实力评价体系图

2.2 2020 年城市地下空间发展综合实力 TOP 榜

根据地下空间综合实力评价体系，截至 2020 年底，中国城市地下空间发展综合实力排名前 10 位的多为超大、特大城市，以城市所在地区划分，东部城市占 8 席，中部城市占 1 席，西部城市占 1 席（图 2.2）。

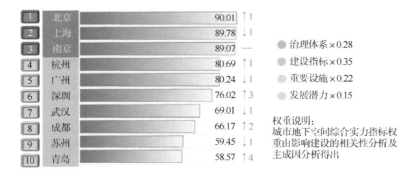

图 2.2　2020 年中国城市地下空间发展综合实力 TOP10

图中—表示 2020 年与 2019 年相比排名无变化，↑表示 2020 年与 2019 年相比排名上升，
↓表示 2020 年与 2019 年相比排名下降

综合实力排名前 20 位的城市基本分布在中国城市地下空间总体发展格局的"三带三心多片"上，排名情况也印证了前文提到的中国城市地下空间发展格局与发展规律，如图 2.3 所示。

图 2.3　2020 年城市地下空间综合实力 TOP20 城市分布图

2.3　2020 年城市地下空间发展综合实力分项指标排名

城市地下空间发展综合实力分项指标分为地下空间治理体系、地下空间发展潜力、地下空间建设指标、重要地下功能设施建设。

2.3.1　地下空间治理体系

地下空间治理体系主要考量该城市地下空间政策支撑、规划设计与研究两个方面。2020 年地下空间治理体系排名前 10 位的城市如图 2.4 所示。

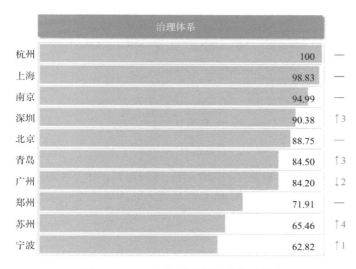

图 2.4　2020 年地下空间治理体系排名

图中右侧符号表示 2020 年与 2019 年相比排名变化情况。其中—表示排名无变化，↑表示排名上升，↓表示排名下降

1. 地下空间政策支撑

地下空间政策支撑主要考量截至 2020 年底该城市颁布法规政策、规范性文件的总数量、主题类型（涵盖范围）。

2. 地下空间规划设计与研究

地下空间规划设计与研究的评价对象为"十三五"期间该城市组织编制的城市地下空间规划设计及专题研究等，评价其囊括的层次（专项、详细规划、城市设计、研究）、编制数量、规划覆盖率（即规划研究范围的面积占城区面积的比例）。

2.3.2　地下空间发展潜力

地下空间发展潜力主要考量该城市地下空间专业高校、专业科研机构研发水平、专业设计单位贡献值三个方面，2020 年地下空间发展潜力排名前 10 位的城市如图 2.5 所示。

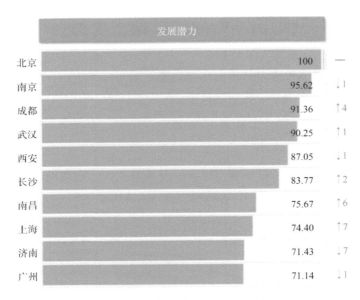

图中右侧符号表示 2020 年与 2019 年相比排名变化情况。其中—表示排名无变化，↑表示排名上升，↓表示排名下降

1. 地下空间专业高校

地下空间专业高校主要考量截至 2020 年底该城市开设地下空间工程专业的高等院校的累计总数量、专业开设年限；同时，该专业是否为硕博学位授权点也作为评价指标之一。

2. 地下空间专业科研机构研发水平

地下空间专业科研机构研发水平主要考量"十三五"期间该城市地下空间重大项目、科研基金研究的总数量以及获批金额，详见本书 7.1.3 节内容。

3. 地下空间专业设计单位贡献值

地下空间专业设计单位贡献值主要考量"十三五"期间该城市设计单位承接地下空间规划、设计及研究项目的总数量、市场占有率，详见本书 4.3.1 节内容。

2.3.3 地下空间建设指标

地下空间建设指标主要考量该城市地下空间建设情况、安全指标两个方面，2020 年地下空间建设指标排名前 10 位的城市如图 2.6 所示。

1. 城市地下空间建设情况

城市地下空间建设情况主要考量截至 2020 年底该城市地下空间的人均指标（即地下空间人均建筑面积）、建设强度、停车地下化率以及社会主导化率（即市场主导建设地下空间，不含人防工程规模），详见本书第 3 章内容。

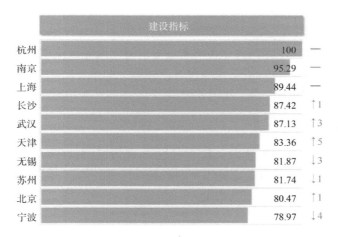

图 2.6　2020 年地下空间建设指标排名

图中右侧符号表示 2020 年与 2019 年相比排名变化情况。其中—表示排名无变化，↑表示排名上升，↓表示排名下降

2. 地下空间安全指标

地下空间安全指标主要考量2020年该城市地下空间事故发生频次（详见第8章内容）与新增地下空间建筑面积（详见第 3 章内容）的比值，该比值的数值越小，表明新增单位面积的地下空间发生事故的概率越小，相比其他城市地下空间的安全系数越高。

2.3.4　重要地下功能设施建设

重要地下功能设施建设的评价体系由城市地下交通系统、地下市政基础设施系统、地下综合体、地下物流系统等方面组成。2020 年重要地下功能设施建设排名前 10 位的城市如图 2.7 所示。

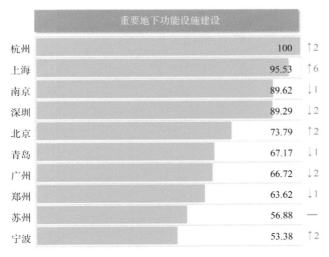

图 2.7　2020 年重要地下功能设施建设排名

图中右侧符号表示 2020 年与 2019 年相比排名变化情况。其中—表示排名无变化，↑表示排名上升，↓表示排名下降

1. 地下交通系统

地下交通系统主要考量截至 2020 年底该城市已建成城区轨道交通线网密度、轨道交通在公共交通中的分担率、轨道交通系统客流强度（即全年平均每日每公里轨道交通的通勤人次），以及城区地下道路、隧道建设数量。

2. 地下市政基础设施系统

地下市政基础设施系统主要考量截至 2020 年底该城市已建成综合管廊覆盖率、综合管廊入廊情况、已建成地下市政设施类型与数量（污水处理厂、变电站、水厂等），以及真空垃圾收集系统投入使用的项目数量。

3. 其他地下设施

其他地下设施主要考量城市大型地下综合体与地下物流系统，即 2020 年该城市大型地下综合体数量增加值，以及截至 2020 年底，该城市地下物流系统的建成长度。由于截至 2020 年底，中国未有地下物流系统建成案例，待有建成使用案例，将重新计算权重排名。

第3章
城市地下空间建设评价

3.1 城市地下空间建设评价指标体系

3.1.1 调研城市

本报告对 30 个县级市、170 个地级及以上城市，共 200 个城市进行调研。

3.1.2 样本城市

本报告对中国各城市经济发展状况、社会基础数据、交通需求关键数据和地下空间发展指标等参数进行综合分析，按照特定的选取依据和条件，选取 100 个样本城市进行展现。

3.1.3 数据来源

数据来源为国家、各省、自治区、直辖市及其下辖市、县政府官方网站公开的统计年鉴、统计公报、规划项目中的调研数据，以及发展和改革委员会（以下简称发展改革委）、自然资源主管部门、住房和城乡建设主管部门、交通运输主管部门等政府部门网站发布的统计数据等。部分城市社会基础数据、交通需求、地下空间数据来源于中央媒体、刊物、中央重点新闻网站。

3.1.4 数据呈现

本报告将各城市置于同一评价标准体系下，统一衡量各城市地下空间开发建设的真实水平，制作城市地下空间基础开发建设评价图。

3.1.5　统计周期

统计周期为一个自然年，指 2020 年 1 月 1 日至 2020 年 12 月 31 日。

3.1.6　评价指标

城市基础开发建设评价指标体系包括 3 类 10 个指标要素，其中专门体现地下空间发展的指标有 4 个，即人均地下空间规模、建成区地下空间开发强度、停车地下化率、地下空间社会主导化率，如图 3.1 所示。

图 3.1　城市基础开发建设评价指标体系

通过数据采集提取、整理汇总、推算验算等方法，选取经济发展状况、社会基础数据、交通需求关键数据和地下空间发展指标，以图形的方式进行直观的对比分析，如图 3.2 所示。

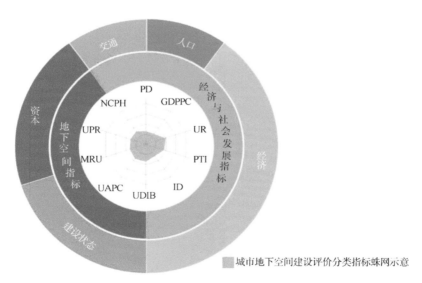

图 3.2　城市地下空间建设发展评价指标构成

3.1.7　蛛网图指标说明

1. PD

PD（population density，人口密度）为单位面积土地上居住的人口数。它不仅反映了地区规模对新增人口的承载力度，也能反映地区的经济集聚能力，即人口密度越大的地区，经济集聚能力就越强，越能提高居民收入和消费水平。

2. GDPPC

GDPPC（GDP per capita，人均 GDP）是反映一个国家或地区经济发展和收入水平的重要指标，也是进行经济实力国际比较的重要指标。

人均 GDP=国内或地区生产总值/总人口

3. UR

UR（urbanization ratio，城镇化率）为一个地区城镇常住人口占该地区常住总人口的比例。城镇化率的概念对于提升城镇化的水平与质量发挥着重要的指标导向作用，是一个国家或地区经济发展的重要标志，也是衡量一个国家或地区社会组织程度和管理水平的重要标志。

城镇化率=城镇人口/总人口（均按常住人口计算）

4. PTI

第三产业即服务业，是指除第一产业、第二产业以外的其他行业。

PTI（proportion of the tertiary industry，第三产业比重）是指第三产业占国内或地区生产总值的比重，是反映一个国家或地区所处的经济发展阶段、反映人民生活水平质量状况的重要统计指标。

5. ID

ID（industry density，产业密度）是用来反映一个国家或地区经济发展水平的重要指标，它能够准确地反映出一个国家或地区第一、二、三产业的空间布局状况和单位土地面积上的经济产出水平。

产业密度=国内或地区生产总值/国家或地区土地总面积

6. NCPH

NCPH（retain number of passenger cars per hundred people，小汽车百人保有量）指在公安交通管理部门按照《机动车登记规定》，已注册登记领有民用车辆牌照的全部汽车数量中每百人的拥有数量。

7. UDIB

UDIB（underground space development intensity of built-up，建成区地下空间开发强

度）为建成区地下空间开发规模（单位：万平方米）与建成区用地面积（单位：平方千米）之比，是衡量地下空间资源利用有序化和内涵式发展的重要指标，开发强度越高，土地利用经济效益就越高。

$$建成区地下空间开发强度=建成区地下空间开发规模/建成区用地面积$$

8. UAPC

UAPC（underground space area per capita，人均地下空间规模）为城市或地区地下空间建筑面积的人均拥有量，是衡量城市地下空间建设水平的重要指标。

$$人均地下空间规模=地下空间总规模/常住人口$$

9. MRU

MRU（market-orient ratio of underground space，地下空间社会主导化率）为城市普通地下空间规模（扣除人防工程规模）占地下空间含人防工程规模的比例，是衡量城市地下空间开发的社会主导或政策主导特性的指标。

$$地下空间社会主导化率=普通地下空间规模/地下空间含人防工程规模$$

10. UPR

UPR（underground parking ratio，停车地下化率）为城市（城区）地下停车泊位占城市实际总停车泊位的比例，是衡量城市地下空间功能结构、基础设施合理配置的重要指标。

$$停车地下化率=地下停车泊位/城市实际总停车泊位$$

3.2　样本城市选取

3.2.1　选取依据

样本城市的选取依据为：经济发展状况、社会基础数据、交通需求关键数据和地下空间发展指标等历年数据相对齐全的城市；涵盖不同行政级别，包括直辖市、省会（首府）、副省级城市、地级市、县级市；涵盖不同城市规模等级，包括超大城市、特大城市、大城市、中等城市及小城市；不同区域分布相对均衡，东部地区、中部地区、西部地区及东北地区均有分布；选取城市具备样本特征，数据来源可靠、指标体系评价可行。

3.2.2　样本城市

1. 选取城市的变化

为了更加准确地反映中国城市地下空间建设现状与规律，在选取 2020 年的样本城市中，压缩了东部地区样本城市数量，主要增加了中部地区样本城市数量，同时减少了大城市数量，相应增加了小城市数量，如图 3.3 和图 3.4 所示。本章城市规模数据采用住房和城乡建设部公开的《2020 年城市建设统计年鉴》中"2020 年全国城市人口和建设用地（按城市分列）"中城区常住人口规模。

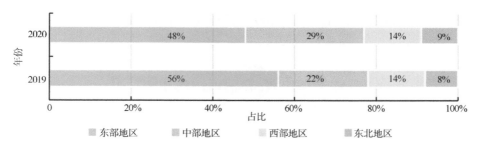

图 3.3　2019—2020 年 100 个样本城市的地区分布变化

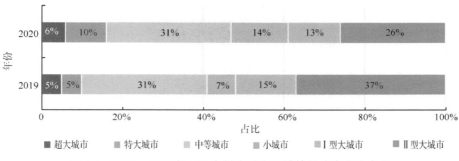

图 3.4　2019—2020 年 100 个样本城市规模等级分类占比变化

2. 城市行政级别

100 个样本城市按城市行政级别划分，直辖市、省会（首府）、副省级城市占 30%，地级市占 63%，县级市占 7%，如图 3.5 所示。

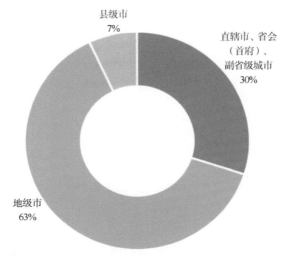

图 3.5　样本城市行政级别分类

3. 城市空间分布

100 个样本城市按城市空间分布划分，东部地区占 48%，中部地区占 29%，西部地区占 14%，东北地区占 9%（图 3.6）。100 个样本城市分布图如图 3.7 所示。

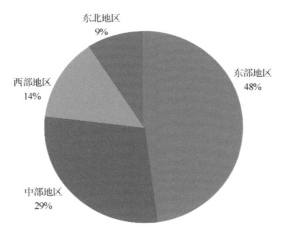

图 3.6   样本城市的地区分布

图 3.7   100 个样本城市分布图

4. 城市规模等级

100 个样本城市按城市规模等级划分，超大城市占 6%，特大城市占 10%，大城市占 39%（Ⅰ型大城市占 13%、Ⅱ型大城市占 26%），中等城市占 31%，小城市占 14%，如

图 3.8 所示。

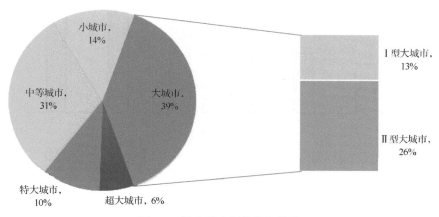

图 3.8　样本城市规模等级分类

3.3　2020 年城市地下空间建设评价

3.3.1　年度增长情况盘点："十三五"期间开发建设量同比缓慢增长

通过分析 2015—2020 年样本城市数据,"十三五"期间,大部分城市地下空间总体规模保持微增长,人均地下空间规模整体呈上升趋势,如图 3.9 所示。

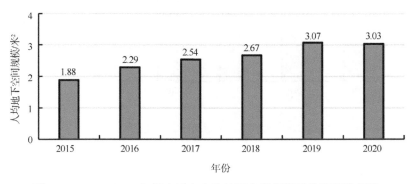

图 3.9　2015—2020 年样本城市人均地下空间规模平均值变化趋势

2020 年,部分城市因城市建设增速放缓以及受新冠疫情影响,当年地下空间新增量较"十三五"前四年有所减少。根据第 1 章的区域建设量分析,东部城市地下空间当年新增量相对平稳,影响较大的为中部、西部城市,且中小城市地下空间新增量同比减少的特征更加明显。综上,100 个样本城市的人均地下空间规模平均值同比下降。

2015—2020 年超大、特大城市地下空间开发建设总量呈现出上升趋势。2015—2019 年人均地下空间规模平均值年均增长约 0.7 平方米,2020 年略微下降,如图 3.10 所示。

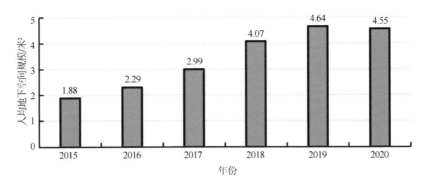

图 3.10   2015—2020 年超大、特大城市人均地下空间规模平均值变化

超大、特大城市抵御经济形势放缓、突发公共安全事件的能力较强，受房地产建设放缓及新冠疫情影响较小，2020 年新增地下空间规模同比变化较小，但是七普人口统计口径不同带来的常住人口同比增大，导致部分城市人均地下空间规模同比略降。

大城市、中等城市地下空间建设量随经济形势变化而相应变化的特征显著。2015—2019年大城市、中等城市地下空间开发建设总量相对稳定，人均地下空间规模平均值呈上涨趋势，其中 2018—2019 年增幅超过 1.0 平方米，2020 年同比下降 0.48 平方米，如图 3.11 所示。

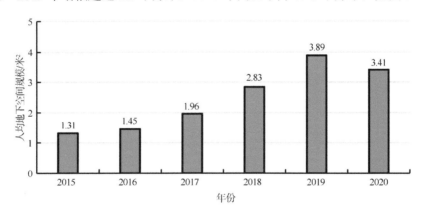

图 3.11   2015—2020 年大城市、中等城市人均地下空间规模平均值变化

3.3.2   停车健康指数：2020 年汽车保有量超 300 万辆的城市中，人均地下空间规模苏州最高，停车地下化率深圳最高

根据公安部交通管理局公开的数据,2020 年末汽车保有量超 300 万辆的城市共有 13个，保有量从高到低依次为北京、成都、重庆、苏州、上海、郑州、西安、武汉、深圳、东莞、天津、青岛、石家庄。

其中，人均地下空间规模指标最高的城市为苏州，停车地下化率最高的城市为深圳，石家庄的两项指标在 13 个城市中均属较低水平，如图 3.12 所示。

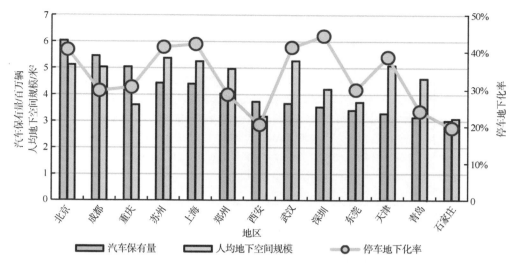

图 3.12 2020 年汽车保有量超 300 万辆的城市人均地下空间规模及停车地下化率

资料来源：中华人民共和国公安部官网（公安部交通管理局）

3.3.3 2020 年人均地下空间规模 TOP10 城市

在 100 个样本城市中，2020 年人均地下空间规模排名前三的城市依次是杭州、南京、江阴。

2017 年 TOP10 城市人均地下空间规模为 3.74—5.76 平方米；2018 年 TOP10 城市人均地下空间规模为 4.41—6.68 平方米；2019 年 TOP10 城市人均地下空间规模为 5.34—8.59 平方米；2020 年 TOP10 城市人均地下空间规模为 5.25—8.08 平方米，如图 3.13—图 3.16 所示。

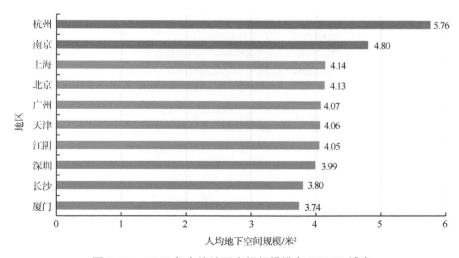

图 3.13 2017 年人均地下空间规模排名 TOP10 城市

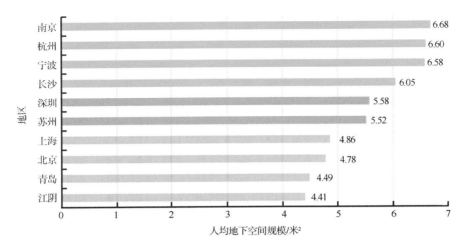

图 3.14　2018 年人均地下空间规模排名 TOP10 城市

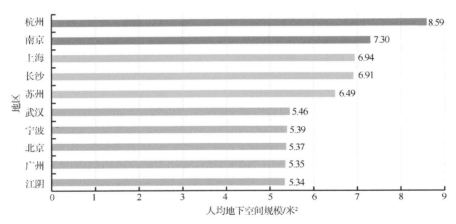

图 3.15　2019 年人均地下空间规模排名 TOP10 城市

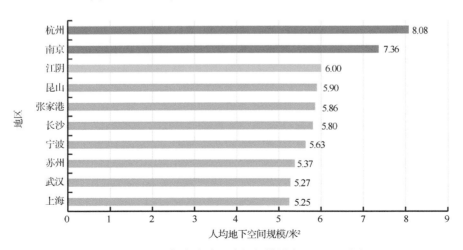

图 3.16　2020 年人均地下空间规模排名 TOP10 城市

随着城市建设逐渐趋于饱和，地下空间建设增速也相应减慢，各城市尤其是大城市及以上城市的七普人口数据也验证了人口增速相比地下空间规模增速更快，因此，2020年人均地下空间面积超过 6.0 平方米的城市相对 2019 年有所下降。

1. 七城人均规模持续领先，杭州、南京位居榜首

2018—2020 年，上海、杭州、南京、长沙、苏州、宁波、江阴这七个城市人均地下空间规模基数大，年均增速保持在全国前列，因此连续三年名列人均地下空间规模 TOP10 城市榜单中，详见表 3.1。

表 3.1　2020 年人均地下空间规模 **TOP10** 城市的规模等级与分布对比

排名	城市	分布区域	行政级别	城市规模等级
1	杭州	东部	省会城市	特大城市
2	南京	东部	省会城市	特大城市
3	江阴	东部	县级市	小城市
4	昆山	东部	县级市	中等城市
5	张家港	东部	县级市	小城市
6	长沙	中部	省会城市	Ⅰ型大城市
7	宁波	东部	副省级城市	Ⅰ型大城市
8	苏州	东部	地级市	Ⅰ型大城市
9	武汉	中部	省会城市	特大城市
10	上海	东部	直辖市	超大城市

其中，杭州、南京在"十三五"期间保持人均地下空间规模排名全国前两位，且杭州人均地下空间规模于 2019 年起持续保持 8.0 平方米的高位。

2. 长三角县级市地下空间人均规模表现突出

2020 年人均地下空间规模 TOP10 城市中，县级市数量增加至 3 个，包括江阴、昆山、张家港。东部地区经济发展快速的县级市，尤其是全国百强县市，城市建设带动地下空间快速发展。尽管地下空间总体规模远小于超大、特大城市以及大城市，但人均地下空间规模处于全国领先水平。

3.3.4　2020 年超大、特大城市社会化发展持续处于优势水平，地下空间社会主导化率排名靠前

地下空间社会主导化率 TOP10 城市，其指标值均超过 55%，其中，杭州排名第一，已接近 80%；成都排名第十，为 55.1%，如图 3.17 所示。

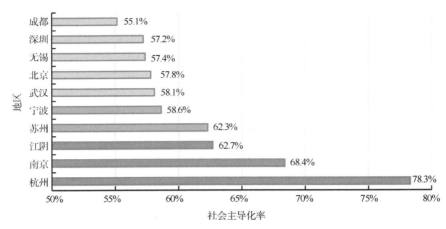

图 3.17　2020 年地下空间社会主导化率 TOP10 城市

在地下空间社会主导化率 TOP10 城市中，6 个是超大、特大城市，相关统计表明地下空间社会主导化率与城市规模等级、经济发展速度等正相关。

地下空间在满足人防工程政策配建要求的基础上，会根据市场需求进行开发，从而进一步促进地下空间的社会主导，呈现出地下空间开发规模化、综合化、功能多元化的趋势。

根据调研情况分析，地下空间社会主导化率高的城市，其人防工程的社会共享化、公益化水平较高，在改善交通拥堵、缓解停车压力等方面成效明显。

3.3.5　样本城市地下空间建设指标

1. 直辖市、省会（首府）、副省级城市比较分析

选取 30 个直辖市、省会（首府）及副省级城市进行指标比较与分析。

1）城市经济、社会相关指标

对样本城市社会经济发展、地下空间发展进行数据统计及相关性分析可得，截至 2020 年底，中国城市地下空间指标整体趋势与城市社会经济发展指标中的人均 GDP 的关联度最高。

30 个直辖市、省会（首府）及副省级城市的人均 GDP、城镇化率指标普遍较高，28 个城市城镇化率超过 70%；人口密度与产业密度指标呈现同步发展趋势，16 个城市人口密度低于全国平均水平，包括北京、南京、杭州、宁波、武汉、青岛、天津、郑州、大连、南昌、乌鲁木齐、呼和浩特、昆明、重庆、海口、哈尔滨；12 个城市产业密度高于全国平均水平，相关指标情况如图 3.18 和图 3.19 所示。

30 个直辖市、省会（首府）及副省级城市的经济社会发展水平普遍较高，其地下空间开发水平普遍高于全国平均水平。

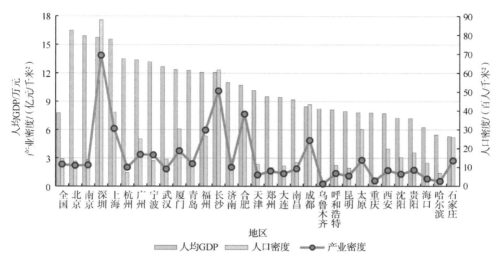

图 3.18　直辖市、省会（首府）、副省级样本城市的人均 GDP、人口密度、产业密度指标

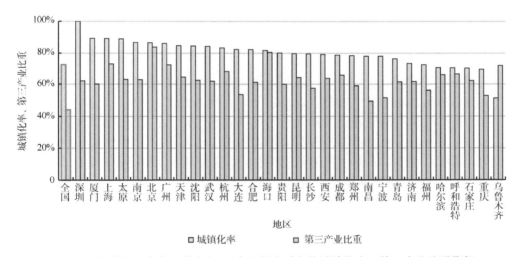

图 3.19　直辖市、省会（首府）、副省级样本城市的城镇化率、第三产业比重指标

通过对直辖市、省会（首府）及副省级城市的城市经济、社会相关指标进行分析，其第三产业比重均高于全国平均水平；22 个城市第三产业比重高于 60%，比重较低的城市主要有南昌、宁波、重庆、大连等；城镇化率除福州、哈尔滨、呼和浩特、石家庄、重庆、乌鲁木齐的指标较低外，其他城市的城镇化率均高于全国平均水平。部分城市人均 GDP、人口密度、产业密度等各项指标均排在前列，如深圳、上海、长沙、广州等。部分城市人均 GDP 较高，但人口密度、产业密度等指标相对较低，如北京、南京、杭州等。整体而言，良好的经济基础促进了以上城市地下空间规模的稳步增长。

2）城市地下空间指标

A. 人均地下空间规模

分析 30 个样本城市相关数据可以得出，人均地下空间规模与建成区地下空间开发强度大致是正相关的，发展趋势基本一致，如图 3.20 所示。

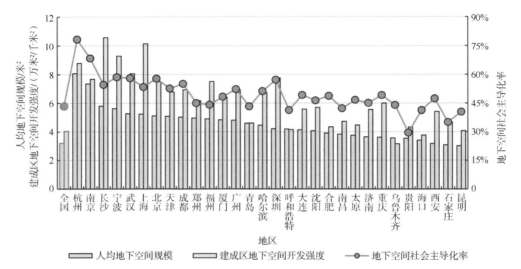

图 3.20　直辖市、省会（首府）、副省级样本城市的人均地下空间规模、建成区地下空间开发强度及地下空间社会主导化率指标

人均地下空间规模超过 5.5 平方米的城市共 4 个，分别为杭州、南京、长沙、宁波；人均地下空间规模为 5.0—5.5 平方米的城市共 5 个，分别为武汉、上海、北京、天津、成都。

与 2019 年相比，2020 年人均地下空间规模大于 5.0 平方米的城市数量减少，由 11 个降至 9 个。指标下降的主要原因是样本城市的选取略有差异，其次是由于七普人口数据的更新，直辖市、省会（首府）及副省级样本城市的外来人口的统计基数在 2016—2019 年有较大增长，导致 2020 年城市常住人口统计数据增大，人均量有所下降。

B. 建成区地下空间开发强度

建成区地下空间开发强度超过 7 万米^2/千米^2 的城市依次为长沙、上海、宁波、杭州、武汉、深圳、南京、福州、北京。假设城市地下空间仅按地下一层建设，那么上述城市的地下空间已覆盖超过 7% 的建成区。

C. 地下空间社会主导化率

人防工程作为地下空间的强制指标，是城市的安全底线，地下空间社会主导化率超过 50% 表明城市地下空间开发逐步从市场需求出发，政策主导的人防功能将不再占据地下空间开发的主导地位。

截至 2020 年底，30 个样本城市中地下空间社会主导化率超过 50% 的城市共有 12 个，包括杭州、南京、宁波、武汉、北京、深圳、成都、长沙、上海、天津、广州、哈尔滨，其地下空间开发与市场需求关联紧密，除人防功能以外的其他地下功能开发多样化，综合化趋势与市场化行为明显。

D. 停车地下化率

地下停车是城市地下空间的重要功能之一，也是城市地下空间开发的主要动因，通常地下停车规模约占城市地下空间总体规模的 70%—80%。

样本城市中，27 个城市的小汽车百人保有量高于全国平均水平，停车地下化率指标超过 40% 的城市有 8 个，主要包括杭州、南京、深圳、上海、广州、武汉、宁波、北京（图 3.21），地下停车在缓解城市停车压力方面起到了积极的作用。

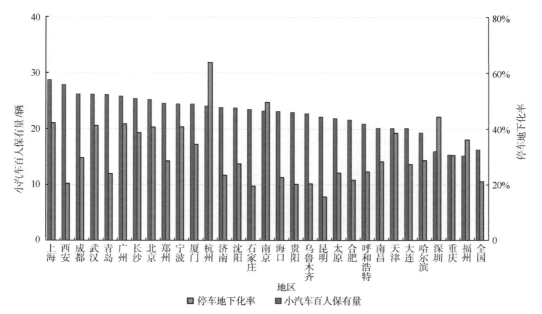

图 3.21　直辖市、省会（首府）、副省级样本城市的小汽车百人保有量与停车地下化率

2. 地（县）级市比较分析

选取 63 个地级市和 7 个县级市，共 70 个地（县）级市作为样本城市进行比较与分析。

1）城市经济、社会发展相关指标

分析 70 个地（县）级市的样本数据，可得人均 GDP、人口密度、产业密度指标较高的城市大部分分布在长三角城市群和珠三角城市群，与中国地下空间发展格局基本吻合，如图 3.22 所示。

人均 GDP 排名前 10 位的城市，江苏省占据 8 席，包括江阴、昆山、张家港、无锡、苏州、常州、宜兴、常熟，另外 2 个分别为广东省的珠海和新疆维吾尔自治区的克拉玛依，如图 3.22 所示。克拉玛依为典型的资源型城市，人均 GDP 位于全国前列。

产业密度大致与人均 GDP、人口密度、第三产业比重或城镇化率呈正相关。

地（县）级市的样本城市中，产业密度排名同样靠前的城市包括无锡、嘉兴、昆山、苏州，其均位于长三角城市群。

人口密度排名前 10 位的城市包括东莞、佛山、无锡、周口、安阳、温州、邢台、濮阳、焦作和常州。河南作为人口大省，省内各市人口密度普遍较高。

城镇化率排名前 10 位的城市中，广东省占 3 个、江苏省占 4 个、剩下的 3 个城市分别是克拉玛依、包头及本溪。长三角城市群和珠三角城市群内的城市，其城镇化率排名普遍靠前。

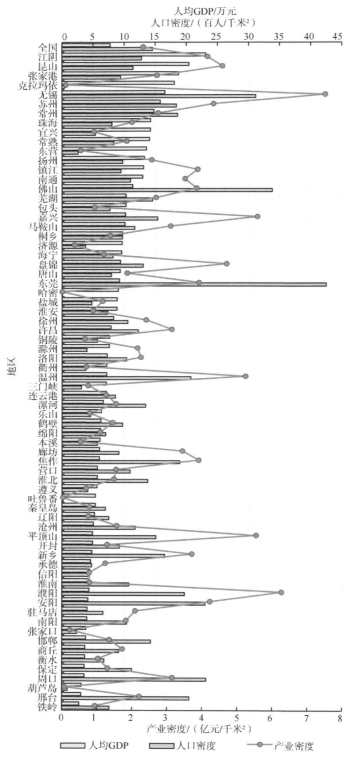

图 3.22　地（县）级样本城市中的人均 GDP、人口密度、产业密度比较

第三产业比重排名前 10 位的城市，河北省占 6 个，剩下的 4 个分别是温州、珠海、包头、衢州。与 2019 年情况基本一致，河北省内城市的第三产业比重位居前列，经济发展较好的江苏省及浙江省的样本城市第三产业比重相对平稳，基本处于第 11 至 20 位之间。

样本城市的城镇化率、第三产业比重如图 3.23 所示。

2）城市地下空间指标

A. 人均地下空间规模

与 2016—2019 年相比，2020 年地（县）级市的样本中，提升了中部、东北地区的样本数量，尤其是中部地区样本数量增加较多，同时降低了东部地区的样本数量，因此，70 个地（县）级市的样本城市地下空间建设水平相比较前 5 年，整体呈现略有降低的趋势。

70 个地（县）级市的样本城市中，人均地下空间规模在 5.0 平方米以上的城市有 11 个，依次为江阴、昆山、张家港、无锡、苏州、珠海、常熟、海宁、盐城、滁州、秦皇岛，均处于中国城市地下空间发展"三心"上，其中江浙地区占了 8 个。江浙地区经济发达，地下空间发展亦处于领先地位。人均地下空间规模在 4.0—5.0 平方米的城市有 13 个。相比 2019 年样本城市中有 24 个城市人均地下空间规模在 4.0 平方米以上，2020 年的样本城市地下空间发展速度略有下降。

B. 建成区地下空间开发强度

70 个地（县）级市的样本城市中，建成区地下空间开发强度超过 10.0 万米 ^{2}/千米 ^{2} 的城市有 2 个，依次为昆山、张家港。

建成区地下空间开发强度为 7.0—10.0 万米 ^{2}/千米 ^{2} 的城市共有 9 个，6.0—7.0 万米 ^{2}/千米 ^{2} 的城市有 2 个。相比 2019 年仅 1 个城市的建成区地下空间开发强度超过 10.0 万米 ^{2}/千米 ^{2}，2020 年略有增加。

70 个样本城市的整体指标与 2019 年基本持平，并未出现明显增长。

C. 地下空间社会主导化率

地下空间社会主导化率排名前 10 位的城市依次是江阴、苏州、无锡、扬州、嘉兴、马鞍山、镇江、常州、常熟、珠海（图 3.24），9 个城市位于中国城市地下空间东部发展中心长三角城市群，且都是产业发展较好的地（县）级市。东部地区城市经济发展快，市场相对开放，对地下空间需求较大，地下空间功能复合性较高。

D. 停车地下化率

东部地区城市的小汽车保有量基数普遍较大，停车地下化率高，部分 II 型大城市、中等城市停车压力相对较小；西部及东北地区部分大、中城市小汽车保有量相对较小，地上停车空间供需矛盾不及直辖市、省会（首府）及副省级城市，即便停车地下化率不高，城市停车压力也不大。总体来看，地（县）级样本城市的停车压力普遍小于直辖市、省会（首府）及副省级城市。地（县）级样本城市中按城市人均 GDP 排名的小汽车保有量与停车地下化率如图 3.25 所示。

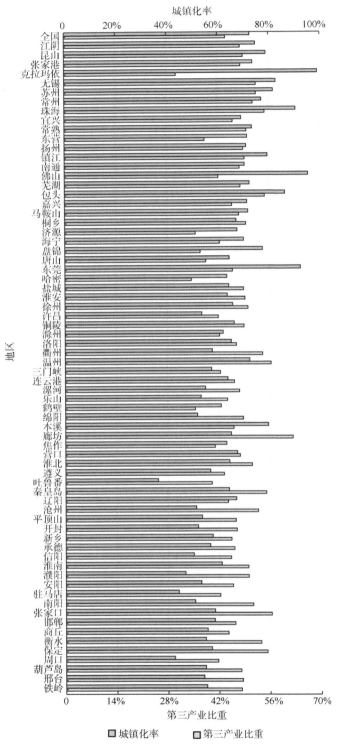

图 3.23　地（县）级样本城市中城镇化率、第三产业比重比较

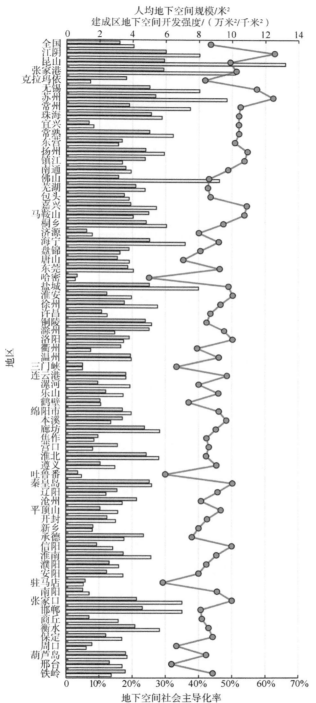

图 3.24 地（县）级样本城市人均地下空间规模、建成区地下空间开发强度、
地下空间社会主导化率比较

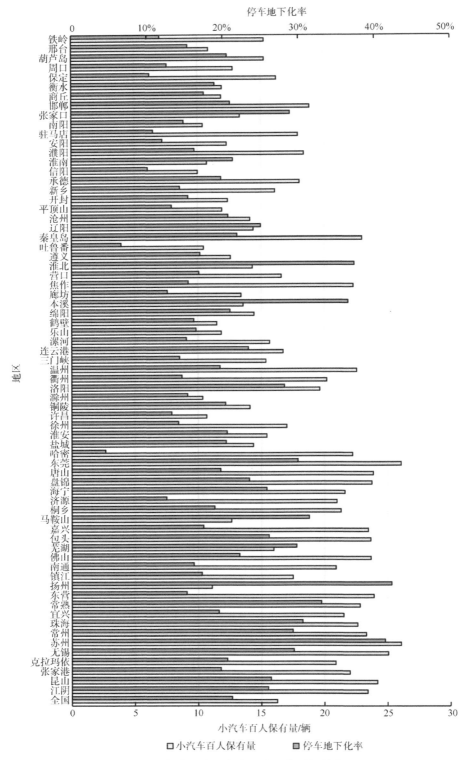

图 3.25   地（县）级样本城市小汽车百人保有量与停车地下化率比较

　　70 个地（县）级市的样本城市中，停车压力较小的城市主要分布在中部地区的安徽省、河南省，西部地区的新疆维吾尔自治区和东北地区的辽宁省部分地区。停车压力较大的城市主要分布在东部地区的江苏省、广东省、浙江省，以Ⅰ型、Ⅱ型大城市为主，如苏州、无锡、常州、东莞、佛山、宁波、嘉兴等城市。

第 4 章

地下空间行业与市场

"十三五"期间，中国地下空间产业体系已从轨道交通、市政等传统方向向地下空间专业装备制造、综合性技术服务等领域拓展，同时对废弃矿井的资源化利用、地下储能、地下储水等新兴发展方向也加大了研究与利用。地下空间产业体系已显示出强大的市场潜力，地下空间领域的行业市场、科技水平已成为推动中国参与国内外经济合作与竞争的主导力量，尤其是处于中国"三带三心多片"地下空间总体发展格局中的城市，其逐步形成地下空间行业的学科化、专业化、职业化与产业化。

以对国民经济发展影响程度、国家战略需求、科技水平等作为评判标准，聚焦轨道交通、综合管廊、地下空间智力服务等地下空间利用的行业市场，总结地下空间产业体系发展阶段，为各城市、城市群"十四五"期间地下空间产业发展指明方向。

4.1 轨 道 交 通

4.1.1 轨道交通概况

1. 发展概述

1）"十三五"期间建设里程翻倍

据中国城市轨道交通协会发布的《城市轨道交通 2020 年度统计和分析报告》，截至 2020 年底，中国共有 45 个城市开通轨道交通，运营线路总长度为 7969.7 公里，相较于 2015 年，建设里程实现翻倍。2020 年新增轨道交通建设里程为 1233.5 公里，轨道交通建设速度稳中有增，如图 4.1 所示。

45 个开通轨道交通的城市中有 38 个城市开通了地铁（不含轻轨、有轨电车及其他），运营线路总长度为 6280.8 公里。2020 年新开通地铁的城市为太原。2020 年新增地铁线路长度为 1100.2 公里。

图 4.1　2015—2020 年轨道交通新增建设里程以及增长率

资料来源：中国城市轨道交通协会发布的《城市轨道交通 2020 年度统计和分析报告》

2）建设重心从以东部城市为主逐渐向中、西部城市延伸

2020 年，轨道交通建设热度较高、新增轨道交通建设里程排名前十位的城市中，东部与中西部城市各占据五位。

其中，东部地区以杭州、深圳为主要增长点，新增轨道交通建设里程城市排名中分列第二、第三位；西部地区建设里程城市排名中，成都位居首位，新增轨道交通 216.3 公里；中部地区以长沙、郑州为主要增长点，有序推动城市轨道交通建设。2020 年轨道交通新增建设里程 TOP10 城市如图 4.2 所示。

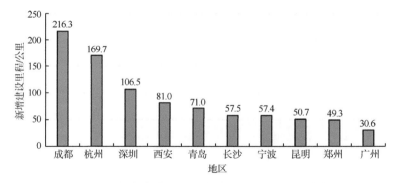

图 4.2　2020 年轨道交通新增建设里程 TOP10 城市

资料来源：中国城市轨道交通协会发布的《城市轨道交通 2020 年度统计和分析报告》

从空间分布来看，城市轨道建设热度从东部城市逐渐向以成都、西安为代表的西部城市以及以长沙为代表的中部城市延伸，轨道交通建设呈均衡发展趋势。

2. 发展特征

1）轨道交通逐步迈入规模化、网络化阶段

A. 轨道交通规模化、网络化程度

将各城市已建成的轨道交通线网密度、轨道交通运营站点的数量、换乘站数量占运营车站总量的比例（以下简称换乘站占比）作为衡量轨道交通建设规模化、网络化的评价指标。

截至 2020 年底，在已开通轨道交通的城市中，上海、成都、北京的轨道交通线网密度位居前三位，如图 4.3 所示；上海、北京、成都轨道交通运营站点的数量位居前三位，如图 4.4 所示；深圳、北京、上海换乘站占比位居前三位，如图 4.5 所示。

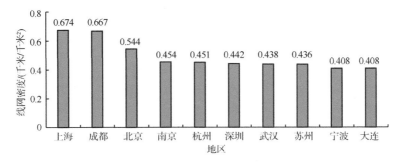

图 4.3   2020 年轨道交通线网密度 TOP10 城市

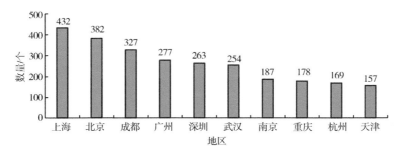

图 4.4   2020 年轨道交通运营站点数量 TOP10 城市

换乘站点不重复计算

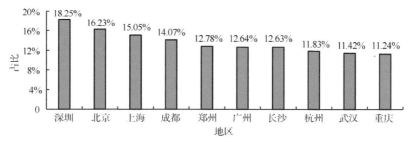

图 4.5   2020 年轨道交通运营站点换乘站占比 TOP10 城市

综上，两项或三项指标排名靠前的城市共 9 个。其中，北京、上海、深圳、成都、杭州、武汉等城市各项指标均排名靠前，重庆、广州、南京等城市两项指标排名靠前。这些城市的轨道交通均已进入规模化、网络化阶段。

在轨道交通规模化、网络化程度较高的 9 个城市中，东部城市占六席，中部城市占一席，西部城市占两席。

除去杭州（首条地铁于"十二五"期间开通）的其余 8 个城市的轨道交通起步较早，轨道交通线网建设成熟度较高。杭州为浙江省省会城市，是首批国家历史文化名城、长江三角洲中心城市之一，经济发展水平相对较高，轨道交通建设势头迅猛，仅用不到 10 年时间已经达到规模化、网络化水平。

B. 地区轨道交通规模化、网络化进程

将不同地区内开通轨道交通的城市数量、换乘站点的平均数量、轨道交通线网平均密度作为衡量各地区轨道交通规模化、网络化发展的指标。

由于社会经济发展水平、建设时间、配套政策等因素影响，轨道交通规模化、网络化程度呈现地区差异化分布现象。

东部地区开通轨道交通的城市数量较多，占截至 2020 年已开通轨道交通城市数量的一半以上；平均换乘站点数量较多，轨道交通线网密度相对较大。从开通轨道交通城市数量、平均换乘站点数量、轨道线网密度综合来看，东部地区轨道交通建设规模较大，网络化程度相对较高。以北京、广州为代表的超大城市随着城市群、都市圈进一步发展，同城化建设需求增加，开始利用市域快轨的制式向城市周边延伸（如北京的大兴机场线、广州地铁 21 号线后通段），正在形成更大的轨道交通网络化格局，以支撑中心城区功能的有序疏解。

西部地区以成都为代表的城市，正大力推进轨道交通建设，轨道交通规模增长较快，同时，随着相关配套政策的逐渐完善，对轨道交通站点综合利用越发重视，轨道交通网络化格局基本形成。

中部地区以武汉、长沙为代表，随着城市的发展，有序推进轨道交通建设，轨道交通规模化、网络化程度相近，呈现均衡发展趋势。

相较于东部、中部以及西部地区，东北地区受到经济发展、人口规模、地形、相关政策等多种因素影响，轨道交通线网建设规模化、网络化程度相对不足（图 4.6）。

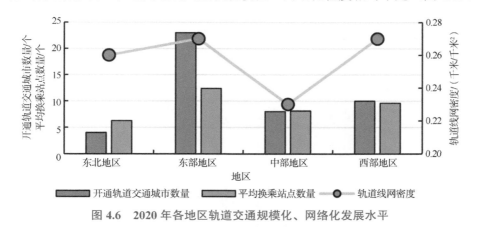

图 4.6 2020 年各地区轨道交通规模化、网络化发展水平

2）轨道交通成为超大、特大城市公共交通主体

轨道交通是城市公共出行的主要交通工具，2020 年上海、广州、南京、深圳、北京、成都等 6 个城市的轨道交通占城市公共交通分担率在 50% 以上（图 4.7）。随着线

网规划建设的推进，轨道交通在城市公共交通领域的作用日益突出，基本构建了"以轨道交通为主体、常规公交为基础、出租车为补充、慢行交通为延伸"多位一体的城市公共交通体系。

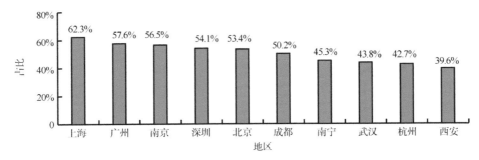

图 4.7　2020 年轨道交通公交分担率占比 TOP10 城市

3）政策推动 TOD 轨道交通站点开发

随着轨道交通建设快速发展，轨道交通站点以及周边空间的综合开发利用逐渐成为现阶段城市发展的重点。国家及各地方政府近年来陆续出台轨道交通的综合开发实施办法或规划设计导则，从宏观、中观、微观层面为加快城市 TOD（transit oriented development，公交导向型发展）轨道交通站点开发指明了方向。例如，适用全国的规范性文件《城市轨道沿线地区规划设计导则》、团体标准《城市轨道交通站点周边地区设施空间规划设计导则》等，以及地方层面的《西安轨道交通与城市融合设计导则》《佛山市轨道交通场站及周边土地综合开发实施办法（试行）》等。

截至 2020 年底，国内已开通轨道交通的城市中，有 23 个城市出台了共计 35 部轨道交通 TOD 开发的相关政策（图 4.8）。从政策出台时间看，"十二五"期间出台政策较少，以广州、上海、深圳等超大城市出台政策为主；"十三五"期间，随着成都、杭州、南京等城市的轨道交通建设提速，相关城市也纷纷出台了轨道交通站点 TOD 开发的相关政策。

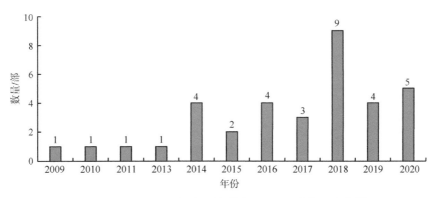

图 4.8　2009—2020 年中国轨道交通 TOD 政策颁布数量

3. 展望

根据近几年轨道建设情况进行分析，未来较长一段时间内，中国城市轨道交通建设里程将持续稳步增长，轨道交通建设重心从以东部地区为主导逐渐向中西部地区延伸，向更均衡化方向发展。

在轨道交通网络化进程中，以需求为导向，构建网络化、多制式、协调发展的城市公共交通体系是轨道交通未来的发展趋势；以效益为导向，推进站点以及周边用地的综合开发利用，是促进城市可持续发展的一种有效方法。

4.1.2　地下轨道站微空间综合化开发

轨道交通是推动城市高质量发展的重要因素之一，由于站点周边及沿线地下空间资源开发利用的不可逆转性，轨道交通站点周边开发建设应遵循统一规划、综合开发、合理利用、依法管理的原则，整体规划，统筹考虑，充分发挥轨道交通与城市建设的联动效应。

本书提出的地下轨道站微空间，以地下轨道交通（不包括有轨电车、电子导向胶轮系统）站点及周边地下空间综合利用为切入点，通过收集、整理 215 条轨道交通线路、4237 个站点及其周边地下空间开发的现状，侧重用数据的形式来分析和研究国内轨道交通站点辐射半径范围内（500 米）地下空间开发的特征与趋势，为打造立体集约空间、实现站城融合提供有价值的参考。

1. 地下轨道站微空间的演变

轨道交通站点与周边地下空间的连通衔接是提升轨道交通服务水平和地下空间综合开发效益的重要环节。基于现有资料，本书着重研究地下轨道交通站点与周边地块的连通时间演变、站点类型等，进而了解地下轨道站微空间的发展现状，进一步研判未来发展趋势。

1）发展阶段划分

基于可统计数据，通过研究不同时期与周边地块连通的地下轨道交通站点数量的变化，分析地下轨道站微空间时间演变特征，本书将与周边地块连通的地下轨道交通站点数量基本为 1 个或 2 个的时期划分为起步阶段，开始达到 5 个以上的时期划分为探索阶段，开始达到 10 个以上的时期划分为快速发展阶段。

A. 起步阶段（2000 年及以前）

该阶段为地下轨道站微空间自主发展时期，上海、广州、北京等城市微空间初现雏形，如北京轨道交通 1 号线王府井站、西单站，上海轨道交通 1 号线徐家汇站等。这一时期地下轨道站微空间概念尚不清晰，依然以规模增长为主，缺乏主动与周边地块联动形成站域综合利用微空间的意识。

B. 探索阶段（2001—2009 年）

该阶段地下轨道站微空间开发由被动式的自主生长进入到有意识地围绕轨道交通站点与周边空间进行综合开发利用的时期。随着轨道交通的建设，北京、上海、广州以外的其他城市如深圳、南京以及重庆等城市也开始探索地下轨道站微空间开发，如深圳轨道交通 1 号线会展中心站，重庆轨道交通 1 号线较场口站等。这一时期，地下轨道站微空间开发概念、开发要素逐渐明晰，但由于相关政策配套不完善，开发面临站域土地权属不明确、管理难度大等诸多问题，进展相对缓慢。

C. 快速发展阶段（2010 年至今）

轨道交通建设由规模增长逐渐向规模与质量并重转变，开始重视轨道交通建设品质，针对站域权属、实施等问题纷纷出台相关政策，大力推进地下轨道站微空间开发，如成都轨道交通 2 号线春熙路站、杭州轨道交通 1 号线武林广场站等。

这期间出台的政策显著增多，如上海市《关于推进本市轨道交通场站及周边土地综合开发利用的实施意见》（2016 年）对轨道交通物业及土地综合开发提出了相关指导意见，广州市 2017 年出台了《广州市轨道交通场站综合体建设及周边土地综合开发实施细则（试行）》，为沿线土地开发提供政策支持等。

这一时期，政策赋能地下轨道站微空间快速发展，进行微空间开发的城市以及站点数量明显增多。历年轨道交通站点与周边地块连通情况如图 4.9 所示。

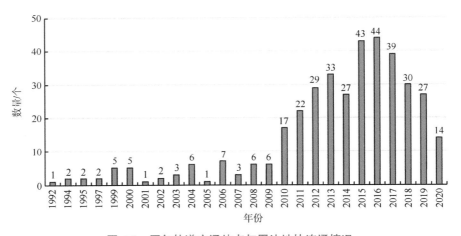

图 4.9　历年轨道交通站点与周边地块连通情况

2）建设时序

通过梳理研究地下轨道交通站点及周边物业在建设时序上的关系，来分析地下轨道站微空间的形成与周边物业建设的时序特征。本书将轨道交通站点与周边物业投用时间间隔一年之内视为同步开发建设。

起步阶段和探索阶段，城市地下轨道交通站点与周边物业建设基本上相互独立，投用时间间隔较大，站点和物业连通主要通过后期对物业或站点进行改造，实施难度较大，地下轨道站微空间综合利用程度不足。

　　快速发展阶段，随着各城市对轨道站空间综合开发利用的重视，其在规划初始就已充分考虑轨道交通站点与周边物业同步建设、地上地下一体化开发或整体开发等模式。这一时期，围绕城市地下轨道交通站点打造的商业综合体、城市综合体、交通枢纽综合体项目频现，代表性的有广州萝岗万达广场、成都龙湖北城天街购物中心等。

　　综上分析，同步开发建设或统筹预留空间资源是地下轨道站微空间发展的重要趋势。轨道交通站点与周边物业投用时间一致性分析如图 4.10 所示。

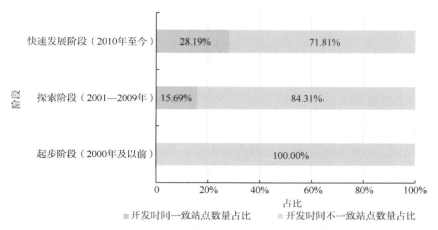

图 4.10　轨道交通站点与周边物业投用时间一致性分析

3）开发载体

　　经测算，国内各城市依托地下轨道站进行微空间开发的连通站点中的换乘站点比例（以下简称微空间换乘站占比）的平均值为 45.65%（图 4.11）。从单个城市来看，北京、上海、广州、深圳、武汉、重庆等在轨道交通规模化、网络化发展过程中微空间换乘站占比有所提升，均达到 50% 以上。

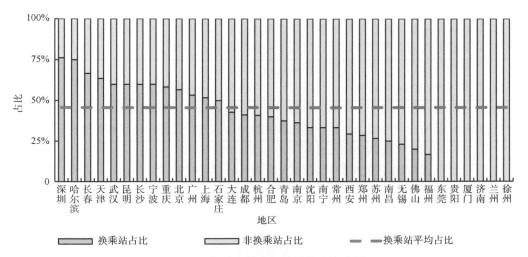

图 4.11　各城市微空间换乘站占比分析

由此可见，在轨道交通线网规模化、网络化发展过程中，换乘站点在地下轨道站微空间开发中逐渐占据主导地位，是影响开发的重要因素之一。

2. 现阶段地下轨道站微空间规划管理指导性偏弱

轨道交通建设有力促进轨道交通站点及沿线地区地下空间资源的开发利用。以轨道交通线网形成地下空间开发利用的基本骨架体系，并以重要站点为生长点，对地下空间进行点、线、面结合的综合性、多层次、高效率开发利用，可大幅度提升土地综合开发效益。

地下轨道站微空间开发可以有效打破城市布局的碎片化和地上地下空间的割裂形态，对城市地理空间形态重塑以及土地的综合开发利用具有战略指导意义。

1）规划管理案例

轨道站综合开发在"地上地下一体化"的总体原则指导下，还应遵循"先地下后地上"的开发原则，以实现土地利用价值的最大化。因此，很多城市在完成地下空间专项规划的基础上，开展重点地区特别是轨道站地区涉及地下空间安排的控制性详细规划，对站域地下空间开发利用提出规划控制指标和引导要求，常见的主要是开发范围、规模、使用性质、出入口位置、人防建设等。

本书研究选取部分案例，分析现阶段地下轨道站微空间中地下空间开发利用规划管理的特征。

A. 苏州轨道交通 4 号线竹辉路站

据苏州市自然资源和规划局网站的规划公示，苏州轨道交通 4 号线竹辉路站地下空间规划范围涵盖南门商圈大部分地区，总规划面积 51 公顷。

功能定位是南门地下购物中心，依托轨道交通及周边地块改造打造地下空间，沟通人民路东西两侧商业、丰富商业业态、激活南门商圈。

地下空间开发总规模 12.3 万平方米，包括公共地下空间和出让地块地下空间。公共地下空间总规模 10 951 平方米，包括地下轨道站厅层的地下商业街 4410 平方米，下沉广场和连接通道 5072 平方米，与沿线地块连接通道 1469 平方米；出让地块地下空间 112 114 平方米。地下一层平面规划图如图 4.12 所示。

B. 深圳市轨道 14 号线坪山围站—坪山广场站—朱洋坑站

规划范围包含坪山围站—坪山广场站—朱洋坑站等三个轨道交通站点，以及三个站点之间线路所经的、具备地下空间开发条件的坪山大道（东纵路至丹梓大道段）两侧各 100 米范围，总用地面积共 24.1 公顷。

预测规划范围内地下空间的开发总规模为 165 万—196 万平方米，功能以地下停车和地下商业为主。

2）规划管理特征

通过分析轨道交通站点及周边地区专项规划、控制性详细规划以及已出台的规划设计导则可以看出，目前国内基于轨道交通站点的地上地下一体化开发中，地面开发建设

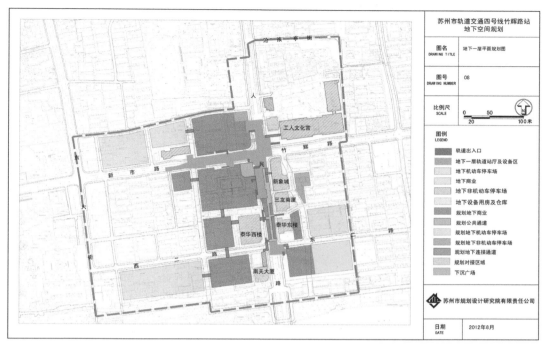

图 4.12　地下一层平面规划图

资料来源：苏州市自然资源和规划局网站

的相关规划已逐渐成熟，指导地下空间开发的内容及指标却相对较少，且以引导性指标为主（如地下空间开发规模、开发层数、主导功能等），缺少强制性指标，导致地下空间开发缺乏有效的执行力。

综上所述，本书结合已收集到的国内开通轨道交通的城市中各个站点相关数据及内容，针对地下轨道站微空间现状建设、数据指标等进行分析研究，研判地下轨道站微空间发展趋势，旨在对轨道交通站点及周边地区地下空间开发利用形成可借鉴的内容。

3. 地下轨道站微空间综合化开发的重要指标：地下空间连通率

针对地下轨道交通站微空间规划管理的不足，本书率先提出地下空间连通率（以下简称连通率）作为衡量地下轨道站微空间综合化开发的重要指标之一。

连通率是指地下轨道站址边界线外扩 500 米范围内，与站点直接或者间接连通的地块数量占范围内地块总数量的比例（超过 1/2 用地面积位于地下轨道站址边界线外扩 500 米范围内的地块计算在内）。

其中，直接连通是指轨道交通站点和地块直接连通（图 4.13）；间接连通是指地块不具备与轨道交通站点直接连通的条件，通过其他转换方式或通道与站点达到连通的效果（图 4.14）。

图 4.15—图 4.18 分别为北京、上海、苏州和无锡轨道交通站点的连通示意图。其他轨道交通站点的连通情况详见附录 B。

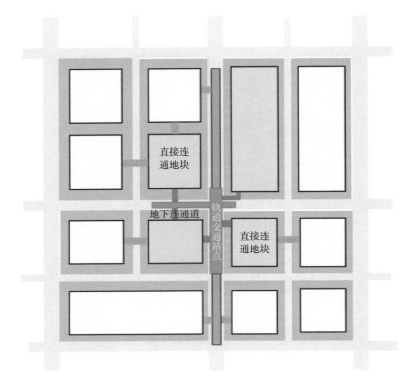

图 4.13   直接连通示意图

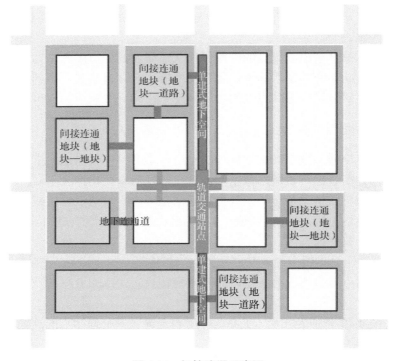

图 4.14   间接连通示意图

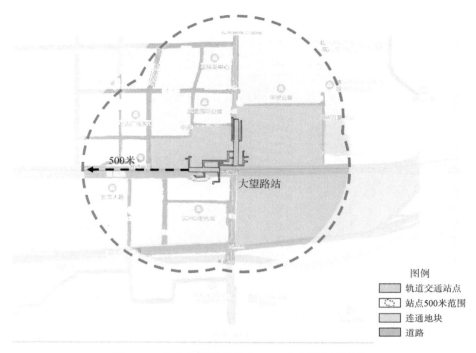

图例
　▨　轨道交通站点
　▨　站点500米范围
　▨　连通地块
　▨　道路

图 4.15　北京大望路站站点 500 米范围连通地块

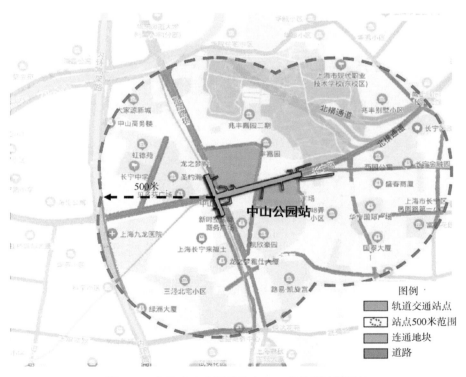

图例
　▨　轨道交通站点
　▨　站点500米范围
　▨　连通地块
　▨　道路

图 4.16　上海中山公园站站点 500 米范围连通地块

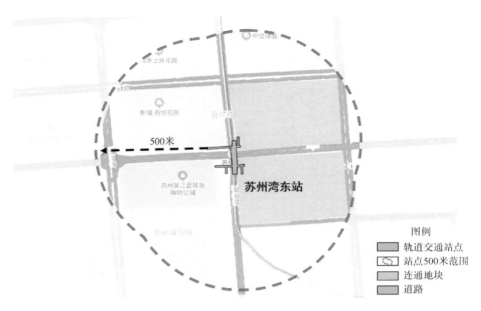

图 4.17　苏州苏州湾东站站点 500 米范围连通地块

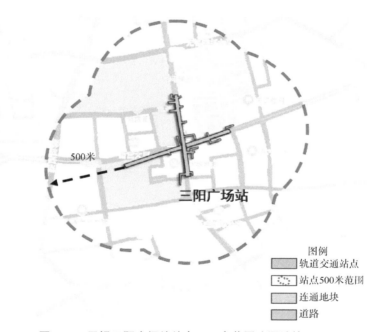

图 4.18　无锡三阳广场站站点 500 米范围连通地块

4. 地下轨道站微空间综合化开发现状

1）轨道交通站点分类

从站点服务范围、所在城市区位等不同角度出发，轨道交通站点一般有两种分类方法。

第一种分类方法是基于轨道交通站点交通服务范围和服务能级，一般分为枢纽站、中心站、组团站、特殊控制站、一般站以及端头站。

第二种分类方法是基于轨道交通分级，考虑城市建设状态及区位功能等因素，将轨道交通站点划分为商业商务中心型、交通枢纽型、公共服务中心型及城市特色型（如历史街区、旅游景区等）。

这两种分类方法的侧重点有所不同，本书着眼于城市地下空间开发的特征，主要从第二种分类方法入手进行研究。

2）地下轨道站微空间开发类型

结合轨道交通站点的分类、区位、连通物业类型，本书将地下轨道站微空间划分为商业商务中心型、交通枢纽型、公共服务中心型以及城市特色型等。

根据收集整理的数据进行测算，地下轨道站微空间目前主要为商业商务中心型、交通枢纽型，占比分别为81.28%、15.13%，少量为公共服务中心型等其他类型，占比仅为3.59%（图4.19）。

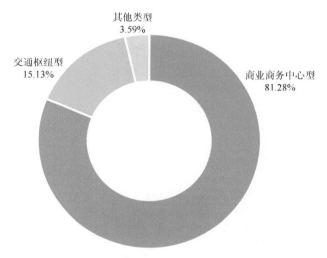

其他类型
3.59%

交通枢纽型
15.13%

商业商务中心型
81.28%

图 4.19 轨道站微空间开发类型的现状

针对轨道站微空间主导类型的现状，本书选取国内典型案例进行分析研究，进一步挖掘轨道交通站微空间地下空间发展特征。

A. 商业商务中心型地下轨道站微空间现状

新街口地区长期以来一直为南京市城市级商业商贸中心，地面功能多元，建设强度高。依托轨道交通站点，新街口地区成为南京市地下空间开发最集中的区域，也是 TOD 模式下老城区结合城市更新改造开发利用地下空间较为成功的案例。新街口地区地下空间分布和地下一层功能分布图如图4.20和图4.21所示。

南京市新街口地区用地面积约为170公顷，地下空间总建筑面积为140万平方米。其地下空间开发具有以下特征。

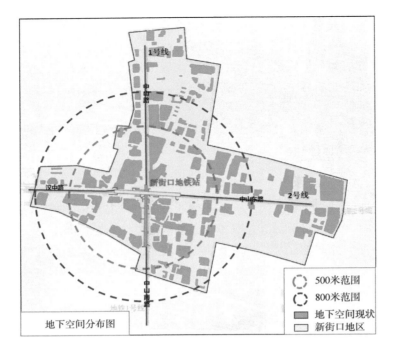

图 4.20　新街口地区地下空间分布图

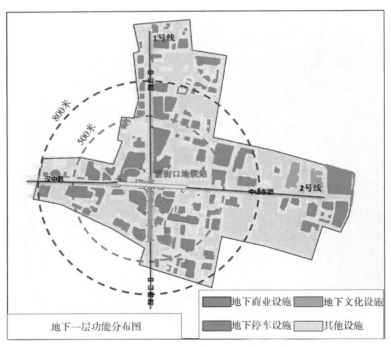

图 4.21　新街口地区地下一层功能分布图

（1）功能分布合理，地下商业中心集聚。以地下停车功能为主，以地下商业、地下市政等功能为辅。商业设施主要集中在地铁站点 500 米的范围内，充分利用轨道交通枢纽站大客流量的特性，促进地下商业的发展，保证地下空间开发的经济效益。

（2）站点周边充分连通，地下步行系统较为完善。经测算，新街口地铁站 500 米范围内连通率为 37.5%，邻近站点周边地块的连通率达到 100%，800 米范围内连通率为 14.0%。站点 500 米范围内形成了相对完善的地下步行系统，地下商业设施、轨道交通枢纽以及地下停车设施连为一体。

B. 交通枢纽型地下轨道站微空间现状

上海虹桥火车站站是上海轨道交通 2 号线、10 号线及 17 号线的换乘站，位于上海虹桥综合交通枢纽、高速铁路虹桥站及规划磁悬浮虹桥站西侧，是地下空间和交通功能结合的典范。虹桥站地下一层功能分布和地下连通情况如图 4.22 和图 4.23 所示。

其地下空间开发具有以下特征。

（1）站点核心区地下空间开发以人行、停车等交通性空间为主，结合主要人流方向适度布局地下商业等营业性空间。

（2）多种交通方式无缝换乘。站点核心区 500 米范围内为虹桥综合交通枢纽，有高铁、地铁、磁悬浮、公交、出租车等多种交通方式，能快速分解大量人流。

（3）地下空间高强度开发，周边地块网络连通。经测算核心区地下空间开发总规模为 101 万平方米，地下空间开发强度达到 72.14 万米 ^{2}/千米 ^{2}，连通率为 66.7%。

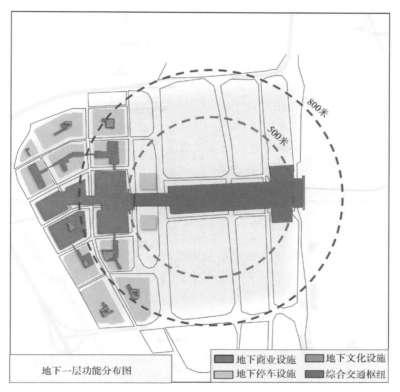

图 4.22　虹桥站地下一层功能分布图

虹桥站为综合交通枢纽，包含地铁站、高铁站

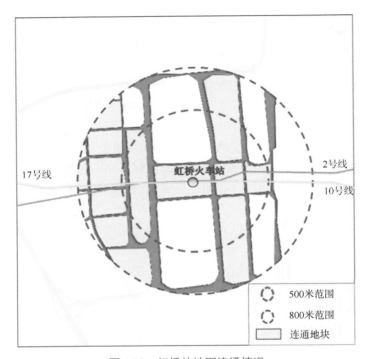

图 4.23　虹桥站地下连通情况

虹桥站为综合交通枢纽，包含地铁站、高铁站

C. 地下轨道站微空间开发类型特征

通过案例分析研究，发现目前国内地下轨道站微空间开发类型呈现出以下特征。

（1）站点核心区 500 米范围内地下空间的开发以交通功能为主导，地下商业功能向轨道交通站点中心集聚。

（2）利用广场、道路等公共用地以及待改造用地开发地下空间，完善地下空间网络，加强轨道交通站点同周边地下空间的连通。

（3）重视地下空间生态化、品质化建设，地下空间设计融入绿色环保理念。

3）地下轨道站微空间发展态势

本书通过研究连通率分析地下轨道站及周边地区地下空间发展态势，以期引起轨道交通站点及周边地区地下空间开发利用过程中对连通要求及指标的重视，为地下空间网络化的发展在规划层面提供借鉴参考。

A. 地下轨道站微空间的连通尚处于摸索实践阶段

a）整体连通程度较低，线网建设从单纯数量增长向综合开发优化转变

不同地区、城市由于受到经济社会发展水平、人口规模、政策等因素影响，地下轨道交通站点与周边地块连通程度不一。经测算，各城市地下轨道站微空间连通率的平均值在 10%—21%。城市层面地下轨道站微空间的连通率受线网规模影响较大，本书选取开通 3 条及以上轨道交通线路的城市进行比较。

其中，深圳以 20.8%的连通率位居首位（图 4.24）。随着同城化需求增加，上海、广州等城市轨道交通线网向郊区延伸,地下轨道站微空间平均连通率受到一定程度的影响，排名相对靠后。

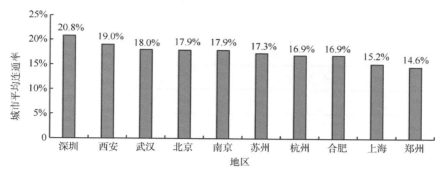

图 4.24　2020 年轨道交通平均连通率 TOP10 城市
开通 3 条及以上轨道交通线路的城市

地下轨道站微空间的平均连通率在区域层面差距较小。东部地区、中部地区以及西部地区轨道交通平均连通率约为 15%，东北地区相对较低，其中，沈阳、大连轨道交通平均连通率不足 10%（图 4.25）。

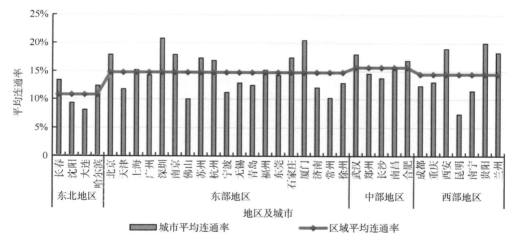

图 4.25　地区及城市地下轨道交通站微空间连通情况比较

b）线路、站点的连通率差距较大，与轨道交通规模呈正相关

本书通过分析 210 条线路连通数据，将各条轨道交通线路的平均连通率划分为 3 个层次，分别为 10%以下、10%—20%、20%及以上。

其中，平均连通率达到 10%—20%的轨道交通线路最多，占轨道交通线路总量的66.4%（图 4.26），部分线路平均连通率在 20%及以上，如深圳轨道交通 2 号线、4 号线，以及上海轨道交通 7 号线、北京轨道交通 2 号线等，其中深圳轨道交通 2 号线以 35.6%的平均连通率位居首位（图 4.27）。

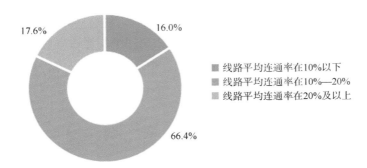

图 4.26 轨道交通线路平均连通率分析

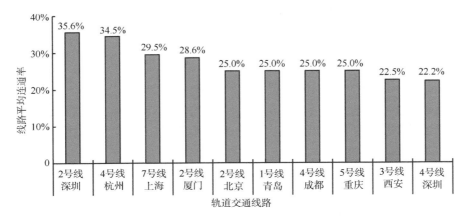

图 4.27 轨道交通线路平均连通率 TOP10 轨道交通线路

通过对收集整理的国内轨道交通站点连通数据进行分析可知，大部分地下轨道交通站的连通率位于 20% 以下，轨道交通站点连通率在 30% 以上的仅占 7.37%（图 4.28），如上海静安寺站、中山公园站，以及深圳福田站、杭州市民中心站、南京新街口站等。

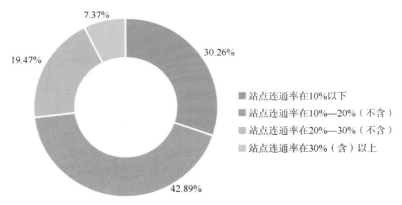

图 4.28 轨道交通站点连通率分布情况

综合线网密度、换乘站占比、线路连通率等指标来看，轨道交通站点与周边地下空间连通程度和轨道交通建设规模呈现一定的正相关。

北京、上海、深圳、成都、武汉、杭州 6 座城市均位列线网密度、换乘站占比、线路连通率的前 10 位(图 4.29),且这 6 座城市在 2020 年城市地下空间发展综合实力 TOP10 中前 8 位,侧面印证了以地铁为主的轨道交通等重大城市基础设施是影响城市地下空间发展的重要因素。

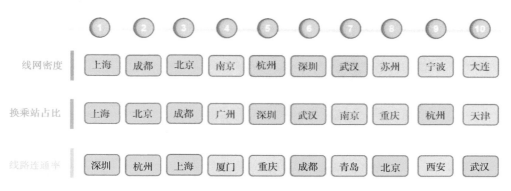

图 4.29　轨道交通连通与建设规模相关性分析

轨道交通建设对满足城市交通需求,推动城市不同区域之间要素流动,拉动经济增长作用显著。整体上看,现阶段我国轨道交通线路建设更加注重数量、规模增长,地下轨道交通站点与周边地下空间缺乏统筹规划和整体设计,连通以滞后于需求的"被动式连通"为主,互联互通程度不足,联系相对薄弱,未充分发掘站点对周边区域的辐射带动能力,地下空间开发效能不足。

上海、北京、深圳、成都等城市随着轨道交通规模化、网络化程度的提高,开始注重轨道交通站点与周边地下空间的连通,围绕部分轨道交通线路和站点,不断尝试、探索,逐渐形成以轨道交通站点为核心的地下空间网络,大大提升地下轨道交通站微空间开发的综合效益。

c)以点状小规模综合化开发为主

随着轨道交通站点 TOD 开发理念的不断优化、成熟,相关站点 TOD 开发建设热度居高不下,通过连通实现轨道交通站点与周边地区开发的良性互动和增值共赢,达到"1+1>2"的共建共享效果显得愈加重要。

在站点 500 米范围内具有连通功能的微空间中,站点连通地块数量为 1—2 个的微空间约占 90%,站点连通 5 个及以上地块的微空间仅占 2.63%(图 4.30)。

整体而言,现阶段国内地下轨道交通站点同周边地下空间的连通情况尚不成熟,站点与周边地块的关联性相对较弱,以点状小规模综合化开发为主。

d)以深圳福田火车站、杭州钱江新城为代表的城市重点区域"地下城"初显

由于区位、效益以及建设经验差异,不同城市以及城市不同区域之间的连通建设呈现阶段分化现象。随着建设进程的不断加快,以北京、上海、深圳为代表的一线城市正逐渐拉开与二三线城市的差距。

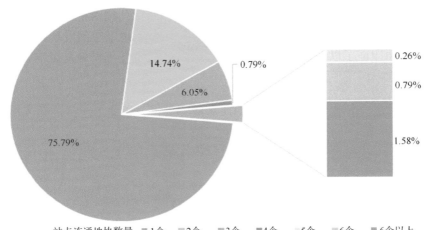

站点连通地块数量：■1个 ■2个 ■3个 ■4个 ■5个 ■6个 ■6个以上

图 4.30   国内轨道交通站点与周边地块连通情况

以深圳福田火车站、杭州钱江新城为代表的城市重点区域在轨道交通站与周边地下空间连通方面做了较多的探索，站点与周边地下空间通过连通逐渐形成完整的地下交通系统，完善的配套服务，地下城初具雏形。部分轨道交通站点连通地块数量及连通率如图 4.31 所示。

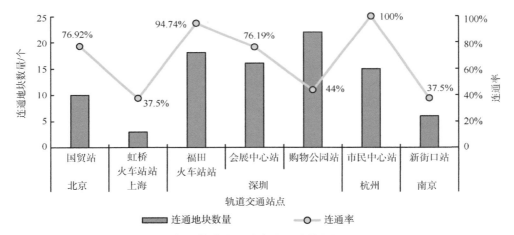

图 4.31   部分轨道交通站点连通地块数量及连通率

B. 以直接连通方式为主，道路等公共用地地下空间资源待进一步挖掘

目前，轨道交通站点与周边地下空间连通以直接连通方式为主。在实际开发建设过程中，建设主体不明确、建设时序不同步等问题在一定程度上影响了轨道交通站点的规模化、综合化开发。

对比日本轨道交通站点综合化开发，国内通过公共用地地下空间来实现站点与周边地下空间间接连通的情况相对较少，道路等公共用地地下空间资源待进一步挖掘。未来，利用公共用地资源实现站点综合化开发模式值得进一步探索。东京站及东京心斋桥周边道路地下空间如图 4.32 和图 4.33 所示，中国与日本部分轨道交通站点周边道路地下空间开发比例对比如图 4.34 所示。

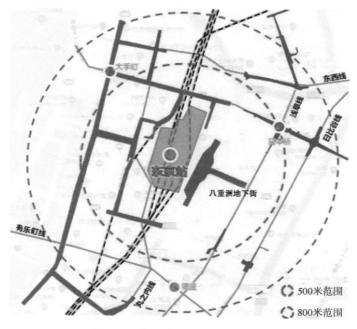

图 4.32　东京站周边道路地下空间

图 4.33　东京心斋桥周边道路地下空间

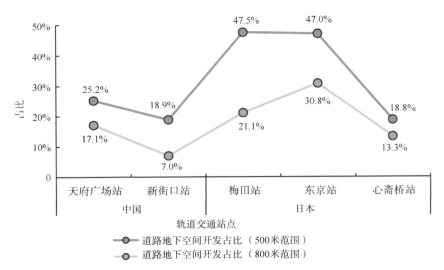

图 4.34　中国与日本部分轨道交通站点周边道路地下空间开发比例对比

C. 连通难以落实，站点周边土地利用仍较为粗放

相对于轨道交通线网快速建设，国内大部分城市由于缺乏轨道站一体化设计、建设时序不同步、配套政策尚不完善、开发主体不明确等问题，站点与周边用地连通在实际建设过程中落实难度较大，导致站点周边土地综合利用效率相对较低，仍处于较为粗放的发展模式。

5. 地下轨道站微空间特征总结及发展方向

地下轨道站微空间开发有利于轨道交通站点与周边的城市功能融合发展，实现土地开发综合效益最大化，是未来轨道交通发展的重要趋势。本书研究以地下连通为着力点，研判出现阶段轨道站微空间开发具有以下特征。

第一，地下轨道站微空间开发以商业商务中心型、交通枢纽型为主，在相关政策的推动下驶入"快车道"。

第二，整体来看，地下轨道站微空间综合开发效能不足，开发规模、互联互通程度有待进一步提升。

第三，缺乏顶层设计引导，站点和周边物业建设时序难以一致时，应注重地下空间资源的预留。

第四，政策推动地下轨道站微空间开发作用显著，目前针对连通难度大、开发主体不明确等问题尚需进一步研究解决。

通过学习北京、上海、深圳等国内城市以及以日本东京、大阪为代表的国外城市在地下轨道站微空间方面的开发经验，应加强轨道交通站点及周边地区地上地下一体化设计，重视地下空间互联互通与资源预控，明确相关指标要素，完善规划、建设、管理三个层次的相关政策配套，实现轨道站微空间互联互通的高质量发展。

4.2　综合管廊

4.2.1　综合管廊建设完成"十三五"目标

根据住房和城乡建设部以及各省区市政府公开的统计数据，截至 2020 年底，中国已建成的综合管廊长度达到 6150.76 公里，其中，山东省、四川省为已建长度前两名的省份，长度均超过 700 公里，其次为陕西省、广东省、湖北省，长度均超过 400 公里。

2020 年期间，中国在建综合管廊长度为 2690.68 公里。其中，四川省为当年在建长度最长的省份，长度超 400 公里；其次为陕西省，长度超 300 公里；在建长度超 200 公里的有浙江省、广东省，如图 4.35 所示。

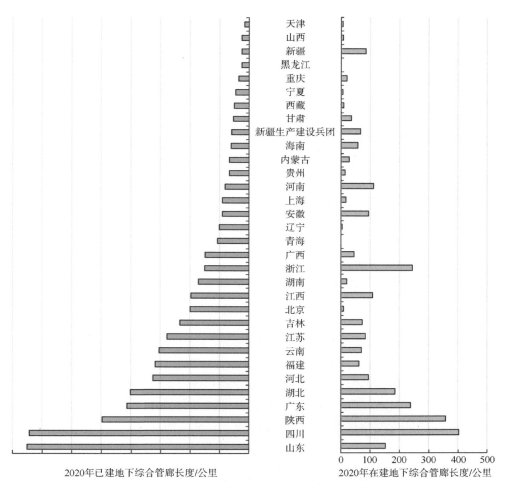

2020年已建地下综合管廊长度/公里　　2020年在建地下综合管廊长度/公里

图 4.35　2020 年综合管廊总长度与当年新建长度统计

新疆生产建设兵团的数据单列

资料来源：根据住房和城乡建设部《2020 年城市建设统计年鉴》以及各省区市发展改革委和规划建设管理部门官网中公开的综合管廊数据整合

2017 年 5 月，由住房和城乡建设部、国家发展改革委组织编制的《全国城市市政基础设施规划建设"十三五"规划》正式发布实施。该规划提出，到 2020 年，全国城市道路综合管廊综合配建率力争达到 2%左右。以 2020 年建成区道路长度 429 050.34 公里①计算，中国综合管廊建设应达到约 8581 公里，已建与在建综合管廊的长度累计为 8841.44 公里，已达到规划目标。

4.2.2 投融资模式仍以地方政府债券和 PPP②为主

针对综合管廊的投融资模式，2020 年各地政府进一步推进了地方政府债券及 PPP 模式。

国家、省、市发展改革委（局）的公开数据显示，2020 年共批复 9 只综合管廊企业债券，覆盖了 7 个省市，包括四川省、江苏省、青海省、江西省、贵州省、重庆市及浙江省。其中，江西省获批的综合管廊专项债券最多，投资额达 31 亿元，发行期限为 7 年。

2020 年城市综合管廊发展趋势仍以 PPP 模式为主。其中，黄冈城区综合管廊项目是国内采用圆形顶管法施工最长的综合管廊工程，同时也是最大直径圆形顶管施工的综合管廊工程③，总长度为 33.92 公里，总投资达 31.05 亿元。绵阳市科技城集中发展区核心区综合管廊项目是迄今为止四川省投资规模最大的 PPP 项目，国内最大规模的装配式综合管廊项目以及财政部 PPP 示范项目，总投资达 81.27 亿元（含市政道路建设工程 PPP 项目）④。厦门市翔安新机场片区地下综合管廊项目是国内最长的过海综合管廊项目⑤，过海段已于 2020 年 6 月顺利贯通，是财政部第三批示范项目，也是厦门市本级第一个完成落地的 PPP 项目，总投资额达 13.62 亿元。

4.2.3 试点城市在建设及使用中实现新突破

截至 2020 年底，综合管廊试点城市示范效应显著，试点城市分布如图 4.36 所示。

1. 第一批综合管廊试点城市

厦门市在试点期内，不仅全面超额完成了建设任务，还探索形成了"规划有统筹、建设有标准、管理有制度、资金有来源、运营有保障"具有推广意义的综合管廊建设厦门模式。试点城市白银市的综合管廊项目荣获甘肃省建设工程最高质量奖项"飞天金奖"。试点城市长沙市的综合管廊试点建设 PPP 项目（第一批）荣获"2018—2019 年度国家优质投资项目奖"，成为湖南省首个综合管廊领域荣获此奖的项目。

---

① 参见住房和城乡建设部 2021 年 10 月 11 日发布的《2020 年城市建设统计年鉴》。

② PPP（public-private partnership），又称 PPP 模式，即政府和社会资本合作，是公共基础设施中的一种项目运作模式。

③ 沈年慧，肖露，方宇轩. 国内最大直径圆形顶管综合管廊最后区段顶管始发[EB/OL]. http://www.hb.chinanews.cn/news/2021/0101/350452.html[2021-01-01].

④ 彭雪. 奋战 120 天 冲刺综合管廊项目年度目标[EB/OL]. http://kjc.my.gov.cn/tpxw/25194491.html[2020-09-02].

⑤ 孔祥文，王英威. 国内最长过海地下管廊过海工程贯通[EB/OL]. http://www.gov.cn/xinwen/2020-06/01/content_5516445.htm[2020-06-01].

图 4.36　综合管廊试点城市分布图

2. 第二批综合管廊试点城市

试点城市杭州市发出浙江省首本城市地下综合管廊不动产权证书，通过审批追溯、过程拆解、流程再造，同步优化完善了综合管廊开发建设审批、验收及发证流程，实现了综合管廊规划—建设—审批—验收发证的全流程闭环管理[①]。试点城市石家庄市在试点期间，新增综合管廊长度 45.77 公里，建成总长度达到 61.77 公里，市内老城区综合管廊实现提质增效，正定新区实现综合管廊全覆盖，成为河北省管廊建设的示范样板[②]。

4.3　地下空间智力服务

4.3.1　地下空间规划市场

1. 市场热度回暖

2020 年是"十三五"规划的收官之年。作为城市重要专项规划之一的地下空间规划的编制需求较 2019 年大幅上升。地下空间（含人防）规划编制市场（以下简称地下空间

[①] 杭州发出全省首本城市地下综合管廊不动产权证书[EB/OL]. https://www.hangzhou.gov.cn/art/2020/10/4/art_812262_59012245.html[2020-10-04].

[②] 宋平. 河北石家庄地下综合管廊建设获中央资金支持 1.2 亿元[EB/OL]. http://m.hebnews.cn/hebei/2020-08-04/content_8035881.htm[2020-08-04].

规划市场）规模同比增长 32%。

综合各省区市政府公共资源交易中心官网的招标公告与中标公告的数据（本节下同），截至 2020 年底，全年地下空间规划市场的公开招标项目共 178 项，市场需求约 2.16 亿元，同比增长 44%。共有 127 家设计公司、科研机构获得地下空间规划市场的 178 个项目，实际服务金额 1.98 亿元，同比增长 32%。

2. 市场的地域差异仍巨大

1）东部地区市场依旧领先

在 2020 年城市地下空间规划市场中，东部地区以其多年增长积淀、城市发展的需求以及对国土空间规划要求的积极响应，使得超过 67.8%的项目集中在东部地区，市场规模较 2019 年增长 9.6%，西部地区市场规模较 2019 年增长 50%，但东西差距仍然很大。中部地区稳步增长，而东北地区的市场规模仅为 101.69 万元，如图 4.37 所示。

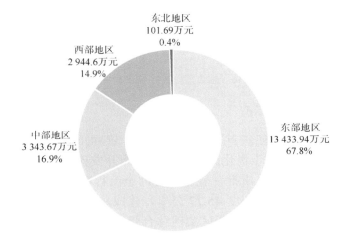

图 4.37   2020 年地下空间规划市场规模地域分析图

资料来源：根据中国政府采购网及各级政府公共资源交易中心官网中"地下空间规划""地下空间及人防工程规划"的招标信息与中标公告整理绘制

以项目所在地统计，地下空间规划市场规模超过 4000 万元的仅山东省（图 4.38），其次，市场规模超过 2500 万元的依次为江苏省、广东省、浙江省。再次，市场规模超过 1000 万元的依次为江西省和广西壮族自治区。以上六省区的地下空间规划市场总规模约 1.46 亿元，约占中国地下空间规划市场总规模的 73.5%，东部地区地下空间规划市场规模分布图如图 4.39 所示。

2020 年地下空间规划市场涉及的城市/县区共 106 个，其中市场规模超过 1000 万元的城市有 4 个，依次为青岛、南宁、杭州、深圳，市场规模最大的城市依旧是青岛，达 2446.5 万元（图 4.40），同比增长 52%。

根据 2020 年各城市/县区地下空间规划的市场规模，划分为如下六个梯队（图 4.41）。

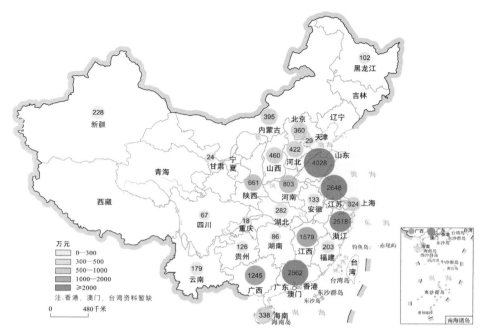

图 4.38　2020 年各省级行政区地下空间规划市场规模等级分布

资料来源：根据中国政府采购网及各级政府公共资源交易中心官网中"地下空间规划""地下空间及人防工程规划"的招标
信息与中标公告整理绘制

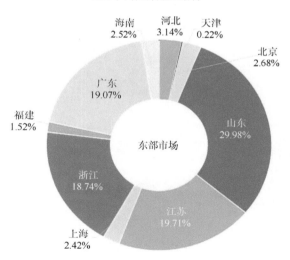

图 4.39　东部地区地下空间规划市场规模分布图

资料来源：根据中国政府采购网及各级政府公共资源交易中心官网中"地下空间规划""地下空间及人防工程规划"的招标
信息与中标公告整理绘制

　　第一梯队：地下空间规划市场规模在 1000（含）万元以上，依次为青岛、南宁、杭州、深圳。

　　第二梯队：地下空间规划市场规模在 500（含）万~1000 万元，依次为济南、徐州、南昌、常州。

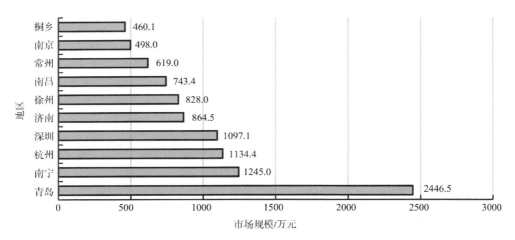

图 4.40　2020 年地下空间规划市场规模城市排名

资料来源：根据中国政府采购网及各级政府公共资源交易中心官网中"地下空间规划""地下空间及人防工程规划"的招标
信息与中标公告整理绘制

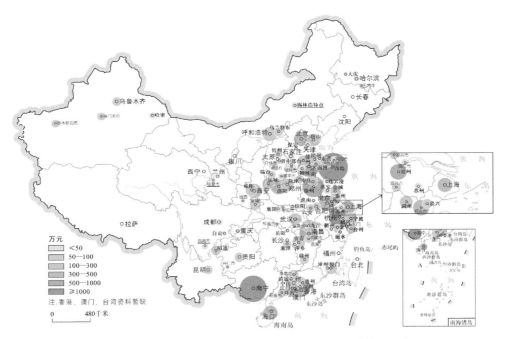

图 4.41　2020 年各城市/县区地下空间规划市场规模等级分布

资料来源：根据中国政府采购网及各级政府公共资源交易中心官网中"地下空间规划""地下空间及人防工程规划"的招标
信息与中标公告整理绘制

　　第三梯队：地下空间规划市场规模在 300（含）万～500 万元，依次为南京、桐乡、洛阳、中山、珠海、西安、北京、海口、上海。

　　第四梯队：地下空间规划市场规模在 100（含）万～300 万元，主要为呼和浩特、九江、宁波、唐山、宜春、湖州、清远、广州、郑州、厦门、武汉、盐城、泰州、镇江等 22 个城市。

第五梯队：地下空间规划市场规模在 50（含）万～100 万元，主要为嘉兴、贵阳、昭通、枣庄、滨州、惠州、淄博、乌鲁木齐、金华、宜兴、沙河、介休、昆明、泰兴、乌兰察布、晋中、湘潭、六安等 28 个城市。

第六梯队：地下空间规划市场规模在 50 万元以下，主要为莱阳、邢台、高平、靖江、聊城、襄阳、苏州、成都、灵石、淮安、三门、锡林浩特、哈密、石家庄、枣阳、哈尔滨、漳州等 39 个城市/县区。

2）长三角城市群的服务提供方占据龙头

2020 年地下空间规划市场的服务提供方涉城市共 43 座，同比增长 34%。技术力量雄厚、专业配置水平较高的长三角城市群的服务提供方依旧占领大部分市场，服务中标金额约占市场总规模的 44%。

2020 年，东部地区仍然是地下空间规划市场服务提供方中标金额最高的区域，中标金额约占市场总规模的 80%（图 4.42），同比增长 37%。

图 4.42　2020 年地下空间规划市场服务提供方的中标金额占比分析图

资料来源：根据中国政府采购网及各级政府公共资源交易中心官网中"地下空间规划""地下空间及人防工程规划"的招标信息与中标公告整理绘制

2020 年市场服务提供方的中标金额超过 2000 万元的省市共 5 个，分别为上海市、山东省、广东省、江苏省、浙江省。其中上海市最高，高达 4105.2 万元，与 2019 年相比增长 14.2%；山东省与 2019 年相比呈爆发式增长，占东部地区的比值为 15.6%（图 4.43）。2020 年地下空间规划市场服务提供方所在城市排名及中标金额等级分布图如图 4.44 和图 4.45 所示。

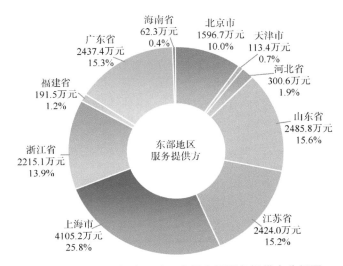

图 4.43   东部地区地下空间市场服务提供方分析图

资料来源：根据中国政府采购网及各级政府公共资源交易中心官网中"地下空间规划""地下空间及人防工程规划"
的招标信息与中标公告整理绘制

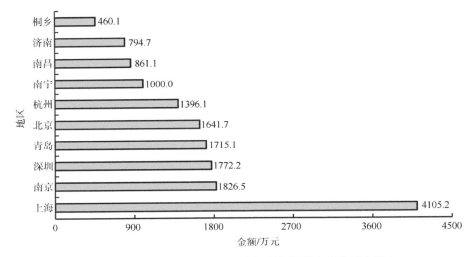

图 4.44   2020 年地下空间规划市场服务提供方所在城市排名

资料来源：根据中国政府采购网及各级政府公共资源交易中心官网中"地下空间规划""地下空间及人防工程规划"的招标
信息与中标公告整理绘制

3. 国有企业市场依然坚挺，部分民营企业奋起直追

对供应市场中机构的性质进行分析，在 2020 年众多参与地下空间规划市场竞争的机构中，国有企业依然坚挺，中标金额占机构中标总金额的 39.5%。2020 年民营企业的中标金额同比增长 63%，中标金额占机构中标总金额的 36.3%；高校及科研机构的中标金额与往年相比略有下降，2020 年占总金额的比重不足 2%，如图 4.46 所示。

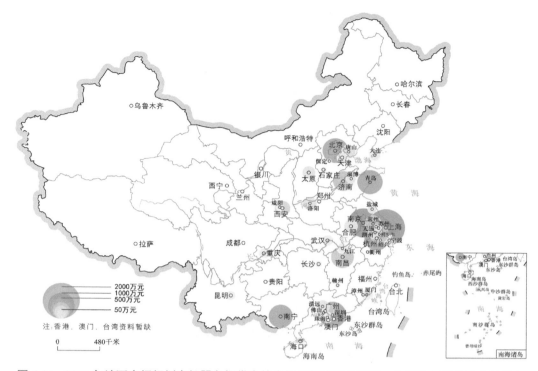

图 4.45　2020 年地下空间规划市场服务提供方的中标金额等级分布图（以提供方所在城市统计）
资料来源：根据中国政府采购网及各级政府公共资源交易中心官网中"地下空间规划""地下空间及人防工程规划"的招标
信息与中标公告整理绘制

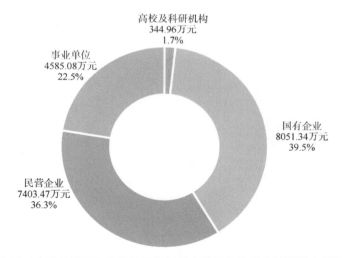

图 4.46　地下空间规划市场的服务提供方的机构性质（以项目金额统计）
资料来源：根据中国政府采购网及各级政府公共资源交易中心官网中"地下空间规划""地下空间及人防工程规划"的招标
信息与中标公告整理绘制

　　以地下空间暨人防综合利用规划中标金额统计，2020 年民营企业中标金额占总金额的 64.4%，其次是国有企业（图 4.47）。2020 年民营企业中标金额同比增长 71%，国有企业中标金额同比下降 78%。

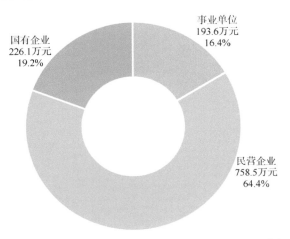

图 4.47   地下空间暨人防综合利用规划中标服务机构性质（以中标金额统计）

资料来源：根据中国政府采购网及各级政府公共资源交易中心官网中"地下空间规划""地下空间及人防工程规划"的招标
信息与中标公告整理绘制

按地下空间专项规划中标金额统计，国有企业中标金额市场占比依然最高，占总金额的 44.7%（图 4.48），与 2019 年相比变化不大。其次仍为事业单位，由此可见国有企业、事业单位在地下空间专项规划市场的资源优势依然突出，究其原因：一是其设计水平高、综合实力强，承揽的地下空间专项规划项目具有绝对的市场竞争优势；二是随着业绩增多，其在地下空间专项规划市场的地位逐渐形成头部效应。

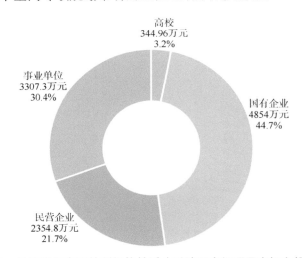

图 4.48   地下空间专项编制机构性质（以地下空间项目中标金额统计）

资料来源：根据中国政府采购网及各级政府公共资源交易中心官网中"地下空间规划""地下空间及人防工程规划"的招标
信息与中标公告整理绘制

2020 年的人防专项规划市场跟往年一样，主要被民营企业、国有企业以及事业单位占据。其中，民营企业虽然占比略有下降，但仍然凭借雄厚的技术力量、优秀的项目业绩以及专业资质，稳居人防规划市场第一，中标金额占市场总成交额的51.4%，如图4.49所示。

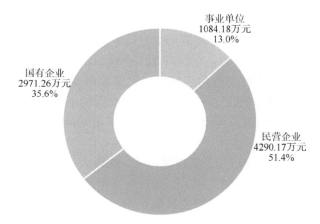

图 4.49 人防专项编制机构性质（以人防项目中标金额统计）

资料来源：根据中国政府采购网及各级政府公共资源交易中心官网中"地下空间规划""地下空间及人防工程规划"的招标信息与中标公告整理绘制

4. 地下空间规划市场总结与展望

1）"十三五"期间地下空间规划市场翻倍

根据中国政府采购网及各级政府公共资源交易中心官网中"地下空间规划""地下空间及人防工程规划"的招标信息与中标公告整理，"十三五"期间全国编制各类地下空间规划共 645 项，市场规模达 7.1 亿元。总体上地下空间规划设计及研究项目的数量和合同总额呈增长态势，由 2016 年的 95 项共计 8594 万元增长到 2020 年的 178 项共计 19 824 万元，实现了市场份额与项目数量均翻一番。"十三五"时期历年地下空间规划市场规模如图 4.50 所示。

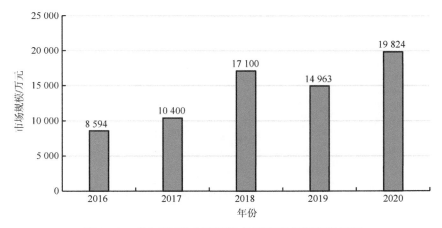

图 4.50 "十三五"时期历年地下空间规划市场规模

资料来源：根据中国政府采购网及各级政府公共资源交易中心官网中"地下空间规划""地下空间及人防工程规划"的招标信息与中标公告整理绘制

2）地下空间开发利用规划编制工作攻坚克难

根据中国政府采购网及各级政府公共资源交易中心官网的统计信息，"十三五"期间，全国共 218 个城市开展了地下空间开发利用规划编制和审批工作，占全国城市总数量的 30%（根据民政部 2020 年统计数据，全国共 725 个城市，其中直辖市 4 个，地级行政区划单位 333 个，县级市 388 个），与住房和城乡建设部发布的《城市地下空间开发利用"十三五"规划》确定的不低于 50% 的目标尚有差距，原因如下。

一是 2018 年国务院机构改革调整，部分城市地下空间规划编制工作暂缓，在编的规划项目的编制周期大幅延迟。

二是 2020 年全球暴发新冠疫情，受疫情影响，中国大部分城市尤其是中小城市，无法在短时间内完成既定的规划编制工作。

三是部分西部城市缺少对立体城市的战略谋划，短期内对地下空间的需求并不迫切，对远期需求缺乏认识，尚未启动地下空间开发利用规划编制工作。"十三五"时期全国编制地下空间开发利用规划的城市分布图如图 4.51 所示。

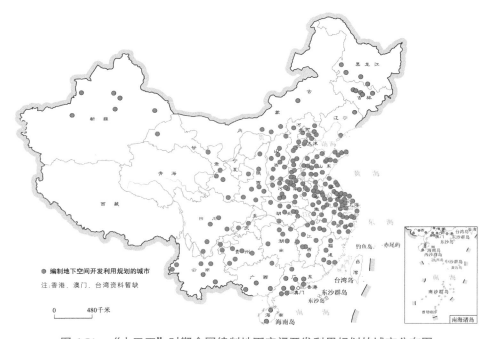

图 4.51 "十三五"时期全国编制地下空间开发利用规划的城市分布图

资料来源：根据中国政府采购网及各级政府公共资源交易中心官网中"地下空间规划""地下空间及人防工程规划"的招标信息与中标公告整理绘制

按行政级别划分，"十三五"期间地级市地下空间开发利用规划编制项目较多，市场规模较大，占总规模的 87.77%，直辖市与县级市平分秋色，分别占市场总规模的 5.96% 和 6.27%，如图 4.52 所示。

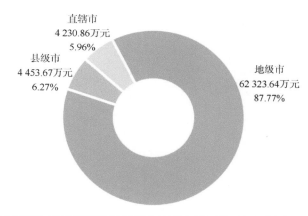

图 4.52　"十三五"时期按行政级别划分地下空间开发利用规划编制的市场分析图

资料来源：根据中国政府采购网及各级政府公共资源交易中心官网中"地下空间规划""地下空间及人防工程规划"的招标信息与中标公告整理绘制

　　根据中国政府采购网及各级政府公共资源交易中心官网的统计信息，"十三五"期间，地级市地下空间规划市场规模呈波动式增长。2018—2020 年，连续 3 年地级市地下空间规划市场规模破亿，其中 2020 年最高，达 1.75 亿元（图 4.53），占"十三五"期间市场总规模的 25%，其次是 2018 年市场规模约为 1.5 亿元，占"十三五"期间市场总规模的21%。2019 年，受 2018 年机构改革的持续影响，县级市的市场规模略降。"十三五"期间，直辖市和县级市地下空间规划市场总体保持平稳增长态势。

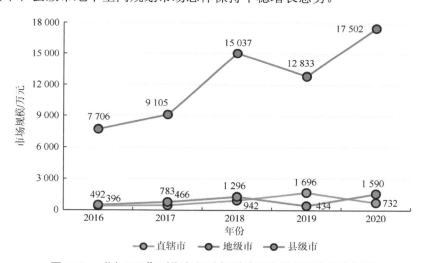

图 4.53　"十三五"时期各行政级别地下空间规划市场分析图

资料来源：根据中国政府采购网及各级政府公共资源交易中心官网中"地下空间规划""地下空间及人防工程规划"的招标信息与中标公告整理绘制

　　根据中国政府采购网及各级政府公共资源交易中心官网的统计信息，一般地级市（除省会城市、自治州、省辖市之外的城市）"十三五"期间地下空间规划市场规模达 4.5 亿元，占地级市市场总规模的比重为 72.2%；其次是省会城市，市场规模约 1.65 亿元，占地级市市场总规模的比重为 26.5%；自治州地下空间规划市场规模最小，为 336.03 万元（图 4.54）。

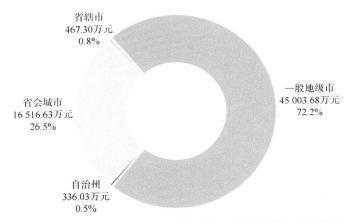

图 4.54 "十三五"时期不同地级市地下空间规划市场分析图
资料来源：根据中国政府采购网及各级政府公共资源交易中心官网中"地下空间规划""地下空间及人防工程规划"的招标信息与中标公告整理绘制

"十三五"期间，地下空间规划市场与城市规模基本成正比。其中超大、特大城市地下空间规划项目最多、市场规模最大，均超过 2.4 亿元，二者共占市场总规模的 71.69%；其次是大城市，市场规模约 1.7 亿元，占市场总规模的 23.90%（图 4.55）。

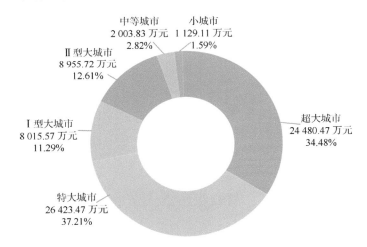

图 4.55 "十三五"时期按城市规模的地下空间规划市场分析图
资料来源：根据中国政府采购网及各级政府公共资源交易中心官网中"地下空间规划""地下空间及人防工程规划"的招标信息与中标公告整理绘制

"十三五"期间，全国共 218 个城市编制城市地下空间规划，其中青岛市市场规模最大，达 5635.8 万元；其次是深圳市，市场规模为 3452.1 万元。

"十三五"期间，地下空间规划市场规模前 10 名主要集中在东部地区，主要为超大、特大城市（图 4.56）。

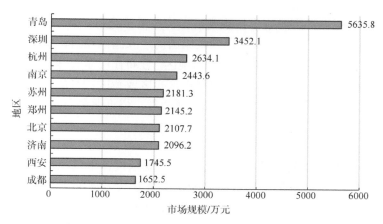

图 4.56　"十三五"时期地下空间规划市场排名

资料来源：根据中国政府采购网及各级政府公共资源交易中心官网中"地下空间规划""地下空间及人防工程规划"的招标信息与中标公告整理绘制

3）"十四五"地下空间规划市场展望

随着城市经济社会发展水平的进一步提高，地下空间开发利用需求也将不断增长。"十四五"期间，地下空间规划市场将从东部沿海地区进一步向中、西部延伸；从城市规模来看，大城市将成为"十四五"时期最大的地下空间规划需求市场；随着城乡建设统筹的不断深入，东部沿海的县级市也将迎来地下空间规划编制的热潮。预计至"十四五"期末，超过 60% 的城市将完成城市地下空间开发利用的规划编制和审批工作。

4.3.2　综合管廊设计市场热度持续低迷

1. 市场规模大幅下降

根据中国政府采购网及各省政府采购网上的招投标项目的统计数据，2020 年综合管廊设计市场总服务金额为 1406 万元（以公开招标信息中的中标金额计算，部分项目未公开中标金额，以招标限价统计），和上年相比，下降达 50%。

2020 年第一季度，新冠疫情对人民生命健康安全造成重大影响，也对我国综合管廊设计市场造成严重冲击；第二季度疫情得到控制，因此第二季度、第三季度综合管廊设计市场呈现平稳增长趋势，第四季度市场以地级市为主（图 4.57）。

图 4.57　2020 年各季度综合管廊设计市场规模与项目数量分析图

资料来源：根据中国政府采购网及各级政府公共资源交易中心官网中"综合管廊规划"的招标信息与中标公告整理绘制

2020 年综合管廊设计市场规模按季度呈抛物线增长趋势，第二季度、第三季度市场规模相差不大，第一季度仅 1 个项目，为太原潇河产业园区项目，设计里程短，服务金额为 38 万元；第二季度的市场主要位于华南地区，分布在广东省深圳市及广西壮族自治区南宁市；第三季度的市场主要集中在地级市核心区或新区，且单个项目咨询服务金额多低于 50 万元；第四季度的市场主要分布在浙江省，咨询服务总金额为 325 万元。

2. 市场向中、西部地区扩张

2020 年，鲁粤等东部省份的城市的综合管廊规划设计市场虽然保持余热，但动力已明显不足，渝桂等西部省份的城市随着城市经济社会发展的需要，综合管廊设计市场如重庆市、南宁市表现优秀，市场规模分别为 398 万元、284 万元，共占据 49% 的市场份额。

以综合管廊规划设计市场所在的城市/县区为统计对象，2020 年综合管廊规划设计市场分布在 6 个市、县（区），从分布规律判断，市场继续以东部沿海城市为主，逐步向中、西部扩张。其中重庆市市场需求最高，达 398 万元；其次是杭州市，达 368 万元（图 4.58）。

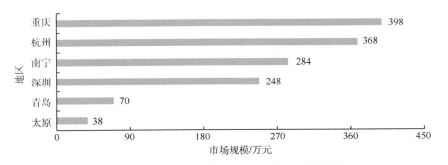

图 4.58   2020 年综合管廊规划设计市场规模排名

资料来源：根据中国政府采购网及各级政府公共资源交易中心官网中"综合管廊规划"的招标信息与中标公告整理绘制

3. 综合管廊设计市场总结与展望

1）"十三五"综合管廊设计市场大起大落

"十三五"期间，全国各类综合管廊设计项目共 252 项，市场规模达 3.04 亿元。综合管廊设计项目数量和市场规模呈逐年下降的趋势，由 2016 年的 122 项、12 422.2 万元，锐减到 2020 年的 10 项、1406.0 万元，项目数量与市场规模呈断崖式下降。

2015 年首批综合管廊建设试点城市申请成功后，2016 年城市地下综合管廊设计市场蓬勃兴起，在全国遍地开花；2017 年设计市场需求略减，市场规模为 10 408.4 万元（图 4.59）。随着时间的推移，综合管廊规划编制体系不成熟的短板逐渐暴露，综合管廊规划编制需求也逐年大幅度下降。

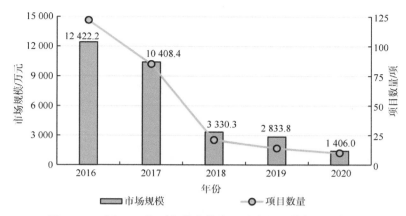

图 4.59   "十三五"时期综合管廊设计市场规模与项目数量

资料来源：根据中国政府采购网及各级政府公共资源交易中心官网中"综合管廊规划"的招标信息与中标公告整理绘制

2）全国开展综合管廊规划编制工作的城市

"十三五"期间，全国共 121 个城市开展了综合管廊规划编制工作（图 4.60），占全国城市总数量的 17%。

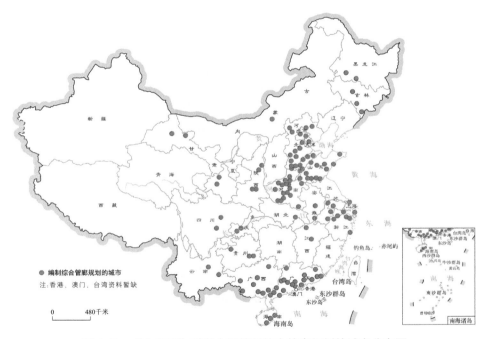

图 4.60   "十三五"时期全国编制综合管廊规划的城市分布图

资料来源：根据中国政府采购网及各级政府公共资源交易中心官网中"综合管廊规划"的招标信息与中标公告整理绘制

按行政级别划分，"十三五"期间综合管廊设计市场中，直辖市、省会城市的项目数量较多，市场规模最大，市场规模占比为 53%；地级市、自治州与县级市市场规模占比分别为 26% 和 21%，如图 4.61 所示。

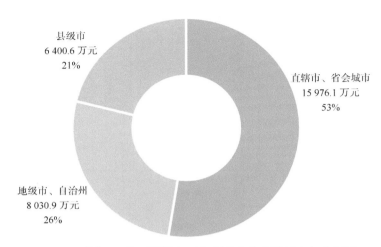

图 4.61   "十三五"时期按行政级别综合管廊设计市场分析图

资料来源：根据中国政府采购网及各级政府公共资源交易中心官网中"综合管廊规划"的招标信息与中标公告整理绘制

"十三五"期间，综合管廊设计市场规模与城市规模成正比。其中超大城市、特大城市综合管廊设计项目最多，服务金额最高，约 1.6 亿元，占总服务金额的 53%，其次是大城市，服务金额占比为 18%，如图 4.62 所示。

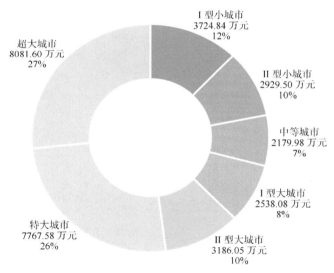

图 4.62   "十三五"时期按城市规模综合管廊设计市场分析图

资料来源：根据中国政府采购网及各级政府公共资源交易中心官网中"综合管廊规划"的招标信息与中标公告整理绘制

其中，上海市市场规模最大，达 2527.9 万元；其次是北京市，市场规模为 1909.2 万元。其间，综合管廊设计市场规模前 10 名的城市主要集中在东部地区及中部地区，主要为超大、特大城市，如图 4.63 所示。

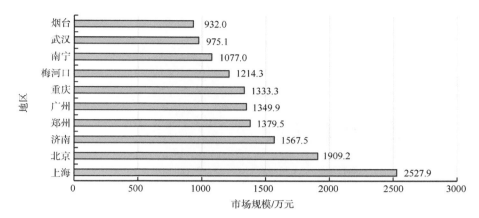

图 4.63　"十三五"时期综合管廊设计市场城市排名

资料来源：根据中国政府采购网及各级政府公共资源交易中心官网中"综合管廊规划"的招标信息与中标公告整理绘制

3）"十四五"综合管廊设计市场展望

做好综合管廊建设，必须坚持规划引领、规划先行，与综合管廊统筹协调。随着全国城市经济社会发展水平的不断提高，"十四五"时期，综合管廊规划编制体系将不断完善，综合管廊设计的规范性将不断提高。综合管廊设计市场预计将逐步回温，其中地级市将成为城市综合管廊设计的主要市场；随着城乡建设统筹不断深入，东部沿海的县级市也将陆续加入综合管廊设计市场。

第5章

地下空间法治体系建设

5.1 历年地下空间政策法规概述

5.1.1 总体概览

截至 2020 年底，中国颁布城市地下空间有关的法律法规、规章、规范性文件共 530部（图 5.1），其中直接以地下空间为对象的文件共 187 部。

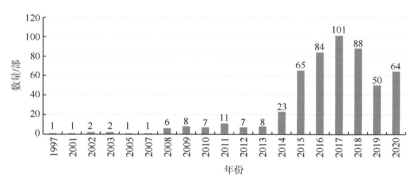

图 5.1 历年地下空间治理文件数量统计

从地下空间治理文件颁布的层级分析，国家层面 47 部，地方层面 483 部。国家层面的地下空间立法不足，缺少城市地下空间领域的法律支撑。地方层面相关行政部门的职责界限不清，管理空白或重叠现象较为突出，这将直接影响地下空间规划、建设、管理工作的开展。

5.1.2 发展特征

从历年城市地下空间相关的法规政策统计中可以看出，城市地下空间治理文件主要集中在 2011 年以后，这和中国城镇化发展与城市建设密不可分。"十三五"期间颁布实施的地下空间治理文件最多，共 387 部，占历年总数量的 73.1%（图 5.2），侧面印证"十三五"期间中国城市地下空间已经迈入快速发展期。

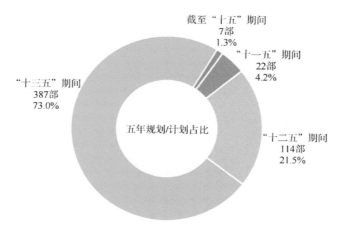

图 5.2　不同时期地下空间治理文件占比分析图

"十三五"期间，地下建设用地使用权的取得、出让金标准、产权登记及投融资机制等方面已成为地下空间治理体系的关注点，不少城市在修订地下空间开发利用管理规定时，对上述内容提出了具体要求。

5.2　2020 年地下空间法治建设

5.2.1　适用范围

依据城市地下空间治理文件的适用范围划分，2020 年颁布全国适用的文件有 4 部，省、自治区、直辖市适用的 9 部，地级市、州适用的 46 部，区、县（县级市）适用的 5 部；地级市、州层面出台数量最多，占到总数量的 72%，如图 5.3 所示。

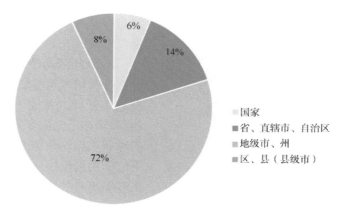

图 5.3　2020 年涉及城市地下空间治理文件适用层次分析图

2020 年颁布的城市地下空间治理文件主要集中在东部地区，中部地区仅省会城市或少量大城市颁布，西部和东北地区几乎仅有省会城市颁布文件，如图 5.4 所示。

图 5.4　2020 年颁布地下空间治理文件的地区分布图（城市及区、县适用）

5.2.2　效力类型与发布主体

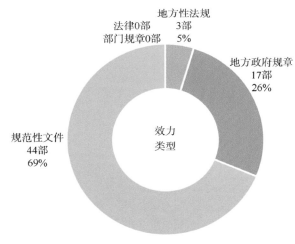

图 5.5　2020 年城市地下空间治理文件的
效力类型分析图

1. 效力类型

2020 年，从地下空间治理文件的效力层级来看，以规范性文件为主，占总量的 69%（图 5.5）。国家层面未颁布涉及城市地下空间的法律法规及部门规章。

2020 年新增地方性法规共 3 部，分别涉及城市轨道交通、地下空间开发利用管理以及地下停车等。其中，《青岛市地下空间开发利用管理条例》的颁布实施，是国内为数不多明确地下空间的鼓励措施、使用维护和法律责任等事宜的地方性治理文件。

城市地下空间的顶层法律法规依然缺乏，自上而下的城市地下空间治理体系缺乏有力支撑，效力层次依然未得到提升，难以有针对性地解决日益增长的地下空间开发需求所产生的各种问题。

2. 发布主体

2020 年城市地下空间治理文件的颁布主体分别为国务院各部委、地方人大（常委会）、地方人民政府，其中地方人民政府共颁布 57 部，占全年颁布总数量的89%，如图 5.6 所示。

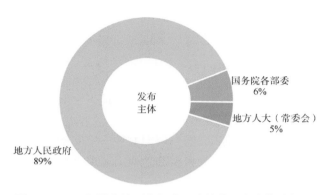

图 5.6　2020 年城市地下空间治理文件的颁布主体分析图

5.2.3　主题类型

2020 年颁布的城市地下空间治理文件主题类型可分为四类：一是地下空间开发利用管理类；二是地下空间资源权属类，包括地下空间资源、土地、产权登记、使用权等；三是地下空间设施类，包括轨道交通、综合管廊、地下管线、地下停车等设施建设管理；四是地下空间相关类，此类治理文件的对象非特指地下空间，在城市安全、建设规划、停车管理等方面提出了部分涉及地下空间及设施的措施要求等。

从主题类型来看，2020 年地下空间设施类的地下空间治理文件仍占主导，共 35 部（图 5.7），设施类型为轨道交通、综合管廊、地下管线等，数量较 2019 年保持不变；而地下空间相关类较 2019 年有所提升，数量占比由 6%上升到 23%。

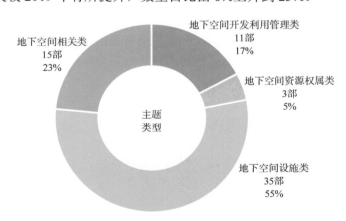

图 5.7　2020 年城市地下空间治理文件主题类型分析图

直接针对城市地下空间开发利用管理的共 11 部，较 2019 年增加 4 部，主要原因为部分城市对地下空间开发利用管理规定做了修订。

5.3　地下空间法治体系的建立与存在的问题

5.3.1　各层次法治建设的实践成效

1. 国家层面治理文件涉及范围更广

虽然在行政法规正文中未提及地下空间，但在国家出台的规范性文件中对地下空间开发利用有所涉及。

"十三五"期间，国家层面的地下空间治理文件所涉及的内容更加广泛且更便于地方操作实施，其中较为典型的是提出了地下空间集约化利用、统筹地下基础设施、推广地下空间分层使用等理念。

1）鼓励地下空间利用，强化集约用地

《国务院办公厅关于促进开发区改革和创新发展的若干意见》（国办发〔2017〕7 号）、《国务院关于推进国家级经济技术开发区创新提升打造改革开放新高地的意见》（国发〔2019〕11 号）提出严格开发区土地利用管理与强化集约用地导向，各类开发区用地均须纳入所在市、县用地统一供应管理，并依据开发区用地和建设规划，合理确定用地结构，并积极推行在开发区建设多层标准厂房，并充分利用地下空间、强化集约用地导向。

2）统筹地下基础设施，推广地下空间分层使用

《国务院办公厅关于印发体育强国建设纲要的通知》（国办发〔2019〕40 号）、《住房和城乡建设部关于加强城市地下市政基础设施建设的指导意见》（建城〔2020〕111 号）提出合理利用城市空置场所、地下空间、公园绿地、建筑屋顶、权属单位物业附属空间，加强统筹城市地下空间和市政基础设施建设。

推广地下空间分层使用，提高地下空间使用效率。城市地下管线（管廊）、地下通道、地下公共停车场、人防等专项规划的编制和实施要有效衔接。明确房屋建筑附属地下工程对地下空间利用的底线要求，严禁违规占用城市地下市政基础设施建设空间。

2. 地方规范地下空间利用行为，提升治理水平

截至 2020 年底，各城市共颁布 483 部城市地下空间治理文件，从规划、建设及管理等方面规范了地下空间保护与开发的行为，全面提升了地下空间治理水平。其中，上海、青岛、珠海、厦门等 9 个城市颁布了地下空间地方性法规，深圳、南京、广州、杭州、苏州等 54 个城市颁布了地下空间的地方政府规章（图 5.8），成都、洛阳、长沙等城市颁布了地下空间地方规范性文件。

历年的地方性地下空间治理文件的类型，可分为地下空间综合类型、专项类型、安全保障类型以及其他类型（城市规划、综合交通运输发展等），如图 5.9 所示。

图 5.8　2020 年地方性地下空间治理文件颁布城市分布图

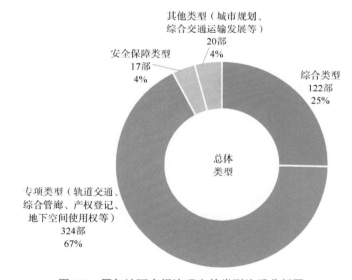

图 5.9　历年地下空间治理文件类型比重分析图

从四大类型地方性地下空间治理文件颁布数量上看，综合类型共 122 部，专项类型共 324 部，安全保障类型共 17 部，其他类型共 20 部。其中，专项类型包含了轨道交通、综合管廊、地下管线、产权登记等，出台最多的为综合管廊 112 部，其次为地下停车 74 部，详见表 5.1。

表 5.1　历年地方性地下空间治理文件类型分析

类型			颁布数量/部
综合类型			122
专项类型	设施	轨道交通	27
		综合管廊	112
		地下管线	59
		地下停车	74
	地下空间使用权（取得使用权、产权登记等）		52
安全保障类型			17
其他类型	城市规划		10
	综合交通运输发展		4
	其他		6

以综合类型为例，颁布该类型地下空间治理文件的城市主要集中在东部地区，其占总数的 55%（图 5.10）。其他地区应积极响应国家政策，加强制定地下空间开发利用相关管理规定。

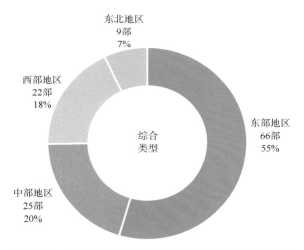

图 5.10　各区域综合类型地下空间治理文件颁布数量

3. 地下空间法治体系建设初探

1）逐步完善地下空间法治体系，尝试地方立法

北京、上海、深圳等城市是中国第一批尝试地下空间法治体系建设的城市，较早地颁布实施地下空间法治文件，并结合多年在地下空间规划、产权、安全、建设等方面的管控经验，探索了地方立法。

2006 年 7 月，上海颁布实施的《上海市城市地下空间建设用地审批和房地产登记试行规定》（以下简称《登记规定》），是国内第一个涉及地下空间建设用地审批和权属的管理规定。《登记规定》中将地下空间工程界定为"结建地下工程"及"单建地下工程"两类，并明确了地下空间工程建设的土地使用权范围以及地下空间建设用地的审批办法。2009 年 12 月，上海市政府公布了《上海市地下空间安全使用管理办法》。2013 年 12 月，上海市第十四届人大常委会通过《上海市地下空间规划建设条例》，于 2014 年 4 月施行。2020 年 4 月，上海市政府颁发了《关于上海市地下管线跟踪测量工作的实施意见》。

深圳市规划与国土资源局早在 1999 年就开展了《深圳市中心区城市设计及地下空间综合规划国际咨询》的编制工作，随后在 2000 年编制了《深圳经济特区城市地下空间利用发展规划》，在 2007 年 8 月由市规划局起草了《深圳市地下空间开发利用管理办法》的送审稿，为深圳市科学高效地开发利用地下空间打下良好的基础。2008 年 9 月实施的《深圳市地下空间开发利用暂行办法》是国内第一部全面规范地下空间开发利用管理的地方政府规章。为规范综合管廊规划、建设、运营和维护活动，统筹各类管线的铺设，集约高效利用地下空间，深圳市从 2017 年起不断完善《深圳市地下综合管廊管理办法（试行）》。

2）建立推动地下空间良性发展的管理机制

A. 地下空间管理联席会议制度

地方政府建立地下空间管理联席会议制度，联席会议负责建立健全地下空间安全使用管理工作机制，研究、协调和推进地下空间安全使用管理工作，如上海、南京等。

以上海市为例，上海市建设行政管理部门是上海市地下空间安全使用管理的综合协调部门，民防、交通、公安、消防、水务、规划国土资源、卫生、环保、安全监管、住房保障和房屋管理、交通港口、质量技术监督等部门依法在各自职责范围内负责地下空间安全使用的监督管理工作。

B. 规划部门牵头的管理体制

地方政府委托规划和自然资源主管部门负责地下空间开发利用的规划、建设与管理工作，如深圳市。主管部门以地下空间规划为基础，协调与其他部门的关系，发挥城市规划的"龙头"和控制作用，这有利于将地下空间开发纳入城市整体发展蓝图。

5.3.2 目前法治体系建设存在的问题

1. 缺乏相关法律法规的基本保障

综观全球地下空间发展史，较完整的国家层面地下空间立法体系主要包括民事基本法、专项立法、配套立法以及综合性法规，如图 5.11 所示。

其中，2020 年通过的《中华人民共和国民法典》作为民事基本法，提出了建设用地使用权可以在土地的地表、地上或者地下分别设立；各城市编制的《城市地下空间开发利用管理规定》作为综合性法规，为城市地下空间开发利用的管理、城市地下空间资源的合理开发提供依据和指导。

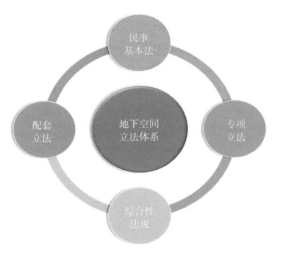

图 5.11 完整法规体系图

现行的国家法律法规以及全国大部分地区的地方性法规都未明确地下建（构）筑物的权益关系，地下空间的开发投资建设者的基本权益无法得到法律保障，进而影响对地下空间的投资积极性，不利于未来地下空间建设的进一步发展。

2. 缺乏明确有效的行政管理体制与实施机制

在各城市现行体制之下，有效的行政管理是推动地下空间建设的重要力量。从政府行政管理体制来说，地下空间开发利用涉及多个部门，包括各城市的自然资源、人民防空、城乡建设、城市管理等政府主管部门、机构以及地铁公司等。目前，城市地下空间开发利用综合管理架构如图 5.12 所示。

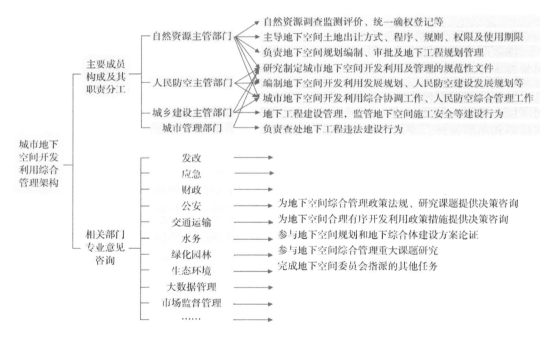

图 5.12 地下空间开发利用各部门工作职能

综合各地区地下空间治理文件的覆盖率、主题类型、行政管理体制与开发利用的实施机制，东部地区地下空间法治体系的建设较其他三个地区完善度高，但地下空间所涉及的政府部门之间仍存在职责衔接不清晰的情况，表现为多头管理、交叉运作、职能重叠等，制约地下空间的保护与开发。

相较之下，西部地区缺乏成熟的地下空间开发模式和实施机制。通过各地调研发现，西部地区地下空间的土地确权、投资模式、运营管理等普遍缺乏明确制度的支撑，地下空间单独立项较难，加上大多数城市短期内地下空间开发需求有限，阻碍了地下空间资源的合理利用。

5.4　国外地下空间法治体系建设的经验借鉴

5.4.1　国外地下空间法治体系建设经验总结

日本、新加坡、欧洲等国家或地区的地下空间利用起步比中国要早，地下基础设施的建设相对成熟，地下空间法治体系伴随大规模开发建设，不断完善至今，形成了比较完整的地下空间法治体系。本书选取日本、芬兰作为地下空间法治体系建设的可借鉴案例。

1. 全面细致的立法

日本在地下空间利用方面，强调先专项立法，后综合立法，形成综合立法和专项立法相结合的法律体系，地下空间开发利用的配套、辅助立法完备。例如，《大深度地下公共使用特别措施法》是日本地下空间开发利用的综合法律。

2. 明确可行的管理体制

1）建立评估检验现行地下空间规划时效性的工作机制

芬兰由国家指定机构人员考察现行的地下空间规划体系，评估现行的立法和规划程序是否适应发展需求。

2）形成以评估为前提的管理制度

新加坡与芬兰均形成以评估为前提的管理制度。前者是要明确是否可以承担不开发地下空间的后果；后者以具有法律效力的"环境影响评估"法规为基础，提出如何从城市空间和土地利用的角度分析地下空间的建设成本。

3）自上而下的鲜明管理体系

2000 年以来，日本政府逐步构建起一套由中央到地方统一协调，国会、政府和社会三方分工明确、共同参与地下空间的管理机制，各自分别主导综合管理与专项管理相结合、大深度利用、统筹规划编制等方面的工作。

5.4.2　对我国法治体系建设的启示

（1）建议加快推进地下空间法律体系框架建设，积极推动与地下空间治理相关法律的修订。鼓励拥有地方立法权的城市先行先试，通过修订或颁布新的地下空间相关法规，为上位法的修订、颁布提供实践案例。

（2）借鉴国外立法成果，完整的地下空间开发法治建设体系应当包括地下空间资源调查和评估制度、地下空间规划制订和实施制度、地下空间土地使用权管理制度、地下空间建设管理制度、地下空间开发与周边设施协调和补偿制度、地下空间开发建设促进制度、地下空间土地权属登记制度、地下空间开发建设信息档案系统制度等。结合国家与地方立法实践及法治体系的现状，拾遗补阙。

（3）结合地下空间开发实际情况，在强化地下空间法治体系建设的基础上，进一步加强规划强度，区分积极性与被动式规划管控内容，创新规划实施方式。

第 6 章

地下空间技术与装备

6.1 地下空间技术与装备发展

"十三五"以来，中国地下空间的工程技术与专用装备持续快速发展，新技术、新材料和新设备的研发与应用突飞猛进，与世界一流水平处于"并跑"阶段，部分技术跻身世界前列。

6.1.1 技术发展

1. 发展现状

经过二十多年的发展，中国从初期学习世界各国先进的建设理念、方法和技术，通过地下工程建设来实践各种施工方法并积累经验，再到自主创新，在复杂地质环境下的地下施工工法取得了一系列技术突破，大大提升了地下工程建设的地质适应能力和施工效率。

截至 2020 年，中国在盾构隧道工法、近接施工安全、顶管技术、水下沉管技术、变形控制技术等多方面取得了长足的进步，处于世界先进水平。

2020 年，地下工程（含隧道）等开发继续保持埋深更深、规模更大、距离更长的趋势，工程地质环境趋于复杂，突发性工程灾害和重大事故增多。在此背景下，现有技术亟须处理好复杂地质环境下的安全开发利用、超大断面隧道支护、超长工程施工风险等多方面的挑战，以应对未来施工作业中的潜在危险。

2. 核心技术体系

面对新工况、新装备对施工工法提出的新要求，地下工程核心技术体系在重点研究基础共性技术的同时，加大了对创新性、智能化技术的投入，加快填补新兴领域空白。地下工程核心技术体系图如图 6.1 所示。

图 6.1　地下工程核心技术体系图

3. 技术深化重点

1）补齐短板技术

"十三五"期间，中国地下空间工程技术发展以基础共性技术"查漏补缺"为重点，完善地下工程设计新理论，研发地下空间勘察新技术。2020 年，以"智能感知、正确判断、快速反应、有效执行"为目标，分类探索地下空间在城市集中建设区、极端山岭地区、深水环境等不同条件下的工程技术，结合物联网、5G 通信、数字化传感、无人机、北斗卫星导航系统、BIM（building information model，建筑信息模型）、GIS（geographic information system，地理信息系统）等技术，通过信息数据的传输与分析，在地下工程监测、地质信息与地下工程的三维可视化等多环节补齐短板。

2）研发新型材料

伴随城市地下空间规模的扩大，地下空间设计方法及工程技术不断更新，同时也对工程材料提出了新要求。针对传统材料在地下工程施工与维护时出现的效率低、效果不佳、维护成本高、环境污染严重等问题，新型材料的研发必须贯彻落实"双碳"目标，在绿色发展的要求下，对传统材料进行改进，提高新材料的工程建设适应性。推进功能材料的应用，探索新一代智能材料，提升地下工程韧性。

6.1.2　装备发展

1. 装备概况

地下工程装备是衡量国家制造业水平的重要标志，更是战略工程与重大民生工程的首要保障。"上天有神舟，下海有蛟龙，入地有盾构"，侧面反映出盾构机已经成为地下工程装备的代表。

盾构机与隧道掘进机同属于全断面隧道掘进机。在欧洲和其他西方国家或地区，二者不做区分，盾构机也称为 TBM；但在中国和日本，习惯上将用于水下及软土地层的隧道掘进机称为盾构机，将用于岩石地层的隧道掘进机称为 TBM。[①]全断面隧道掘进机以

---

① 李建斌，才铁军. 中国大盾构：中国全断面隧道掘进机及施工技术发展史[M]. 北京：科学出版社，2019.

承压、安全、高效等多方面的显著优势得到了广泛应用和认可。

"十三五"期间,中国的全断面隧道掘进机的制造技术跻身世界前列。土压平衡盾构机、泥水平衡盾构机、硬岩掘进机和软土异形盾构机在国家重大基础设施建设方面发挥了重要作用。

2016—2020 年,中国在地下工程装备方面取得了显著突破,但是,以下问题亟待解决:部分核心关键零部件受国外技术垄断、现有盾构机不能完全适应复杂环境、机械装备本身和掘进过程控制的智能化程度不足等。

2. 标志性装备

经过多年的艰难探索,中国科研人员成功攻克关键技术,解决施工难题,突破施工禁区。通过梳理 2018—2020 年标志性地下专有装备可知,中国不断刷新自主研制的全断面隧道掘进机直径纪录,装备功能越发全面,详见表 6.1。

表 6.1　2018—2020 年标志性地下装备一览表

时间		名称	研发制造团队	规模	状态	备注	资料来源
2018 年	4 月 18 日	—	中国铁建重工集团股份有限公司(以下简称铁建重工)自主研制	直径 9.15 米 长 115 米 重约 1350 吨	成功下线	中国首台铁路大直径在线式土压/TBM 双模掘进机	http://www.sasac.gov.cn/n2588025/n2588124/c8885121/content.html
	9 月 29 日	春风号	中铁工程装备集团有限公司(以下简称中铁装备)、中铁隧道局集团有限公司联合研制	直径 15.8 米 长 135 米 重约 4800 吨	成功下线	当时世界排名第三,中国自主设计制造的最大直径泥水平衡盾构机	http://henan.sina.com.cn/news/2018-09-30/detail-ifxeuwwr9696531.shtml
2019 年	1 月 18 日	海宏号	中铁装备	直径 12.26 米 长 158 米 重约 2840 吨	正式始发	当时世界上功能最全的盾构机,核心部件设计全球领先	https://www.jiemian.com/article/2815278.html
	6 月 21 日	振兴号	中交天和机械设备制造有限公司(以下简称中交天和)	直径 15.03 米 长 135 米 重约 4000 吨	成功下线	中国首台采用自主技术和多项国产核心零部件设计制造的复合地层超大直径泥水盾构机	http://www.sasac.gov.cn/n2588025/n2588124/c11566179/content.html
	12 月 17 日	狮子洋号	HERRENKNECHT 海瑞克、中铁装备	直径 13.61 米	顺利贯通	世界最大水下铁路盾构隧道 中国隧道施工从穿江时代向越洋时代延伸的标志性工程	https://www.sohu.com/a/372271773_100028248
2020 年	4 月 28 日	雪山号、雪莲号	中交天和	直径 8.43 米 长 282 米 重约 2000 吨	成功下线	全球首创压注工法新型硬岩掘进机	https://baijiahao.baidu.com/s?id=1665202593075056823&wfr=spider&for=pc
	5 月 8 日	云岭号	中铁装备	直径 9.83 米 长约 235 米 重约 2050 吨	成功下线	中国自主研制的最大直径敞开式硬岩掘进机	http://www.cinn.cn/dfgy/202005/t20200509_228136.html

续表

时间		名称	研发制造团队	规模	状态	备注	资料来源
2020年	8月27日	中铁820号	广州地铁集团、中铁装备、中铁华隧联合重型装备有限公司共同研发	—	完成组装	中国首台集"泥水、土压、硬岩"于一体的三模盾构机	http://www.cinn.cn/jdt/202008/t20200831_232750.html
	9月27日	京华号	铁建重工、中铁十四局集团有限公司联合研制	直径16.07米长150米重4300吨	成功下线	当时中国研制的最大直径盾构机	https://www.guancha.cn/industry-science/2020_09_27_566505.shtml
	9月29日	长城号	中交天和自主研制	直径16.07米长约145米重约4500吨			https://baijiahao.baidu.com/s?id=1679173289620089193&wfr=spider&for=pc

3. 发展方向

1）主攻智能制造

智能制造是信息化与工业化深度融合的主攻方向，着力发展智能装备和产品，推进生产过程智能化，全面提升企业研发、生产、管理和服务的智能化水平。这是"中国制造2025"重要战略任务之一，也对我国地下工程装备的制造提出了新要求，即要向工业网络建设、系统集成及精益生产线建设与虚拟仿真方向发展。

掘进是装备使用全生命周期的核心过程，集合数据采集与存储、云计算平台、智能决策的"智能掘进技术"是未来装备的主要发展方向之一；在掘进过程中，对掘进状态实时在线监测并智能纠偏，是实现装备全生命周期闭环控制的关键环节。基于数字化的运行管理平台可将工作过程标准化，以大数据云计算技术为支撑，实现云平台健康评估和故障诊断。远程智能运维服务平台和行业工业互联网平台连接了整套施工装备的终端和云端。[①]

2）推行绿色制造

发展绿色制造，是地下装备发展的必由之路。地下装备制造具有体积大、质量大、用材多、耗能大、排污多的特点。必须加强绿色地下装备的研发应用，推广低功耗、易回收等技术工艺，持续提升工程装备能效水平。

未来，地下工程建设及其装备研制需在国家有关部委的指导下，通过国家绿色制造系统集成项目的实施，开创我国装备的全生命周期绿色再制造新模式，推动绿色再制造产业化，完善绿色再制造技术标准，有效推动地下工程装备再制造产业的健康发展。[①]

---

① 李喆，江媛，姜礼杰，等. 我国隧道和地下工程施工技术与装备发展战略研究[J]. 隧道建设（中英文），2021，41(10)：1717-1732.

3）发展重点领域

A. 城市地下空间施工装备领域

为顺应城市地下工程装备灵活性、复杂地质适应能力、施工一体化程度、施工过程扰动程度等的要求，相关装备向精简化、可分解、可拼接的方向发展，以满足城市地下工程施工需求的发展趋势。

B. 极端山岭地区地下工程装备领域

高地热隧道环境下设备正常运行、高地应力产生的岩爆现象、极硬岩地下空间施工等限制性施工条件，对工程装备可靠性、先进性、环保性等提出了更高、更严苛的要求。

C. 海域地下空间开挖装备领域

处理好超大埋深、超高水压、超大断面及地质复杂多变的海域地下空间，极端的换刀环境，海底隧道施工需求等问题。[①]

6.1.3　地下空间装备市场概况

1. 中国全断面隧道掘进机销售额已突破 200 亿元，两大龙头企业领跑

全断面隧道掘进机已进入产业整合的关键时期。据中国工程机械工业协会掘进机械分会的统计，2020 年，由中国企业生产的全断面隧道掘进机销售额累计约 209.5 亿元，其中销售额最多的两家企业分别为中铁装备和铁建重工[①]，具体如图 6.2 所示。

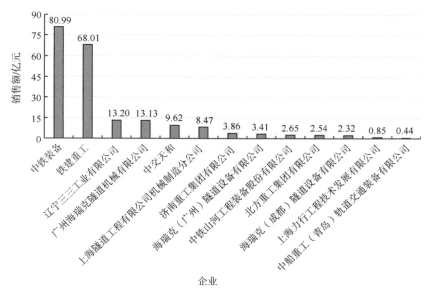

图 6.2　2020 年中国全断面隧道掘进机生产企业销售额分布图

资料来源：宋振华. 中国全断面隧道掘进机制造行业 2020 年度数据统计[J]. 隧道建设（中英文），2021, 41(8)：1428-1431

以中铁装备、铁建重工为代表的中国企业占据了国内掘进机市场的主要份额，并出口法国、意大利、新加坡、迪拜、韩国等多个国家和地区。除此之外，中国掘进机主要生产厂家还有辽宁三三工业有限公司、广州海瑞克隧道机械有限公司、中交天和等，各公司市场份额基本稳定，如图 6.3 所示。

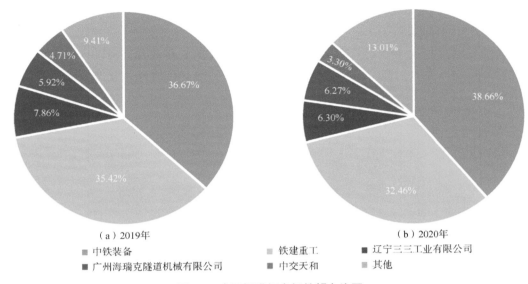

（a）2019年   （b）2020年

■ 中铁装备   ■ 铁建重工   ■ 辽宁三三工业有限公司
■ 广州海瑞克隧道机械有限公司   ■ 中交天和   ■ 其他

图 6.3   中国掘进机市场份额占比图

资料来源：根据中国工程机械工业协会掘进机械分会和中国煤炭工业协会统计数据自绘

2. 全断面隧道掘进机年产量稳中有升，并朝着多元化的方向发展

2018—2020 年，全断面隧道掘进机的年产量逐年增加，2020 年较 2019 年显著增长。伴随着经济水平和地下空间需求的不断提升，中国全断面隧道掘进机的自主设计制造技术日趋成熟，如图 6.4 所示。

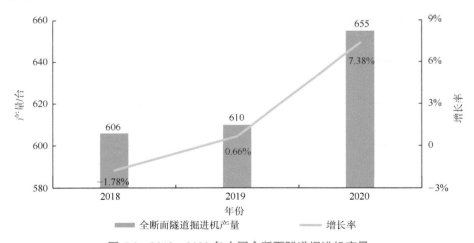

全断面隧道掘进机产量   增长率

图 6.4   2018—2020 年中国全断面隧道掘进机产量

资料来源：根据中国工程机械工业协会掘进机械分会和中国煤炭工业协会统计数据整理绘制

2020 年初，受新冠疫情的影响，大中小企业停工、延迟复工，地下空间施工装备的需求有所下降，部分掘进机产量受到影响。随着全球新冠疫情的阶段性缓和，社会生产和经济活动逐步复苏，中国全断面隧道掘进机产量稳步增长。

伴随着基础设施建设不断发展，施工现场少人化、无人化的需求增大，全断面隧道掘进机仍有大量市场。超大或超小断面掘进机、异形掘进机、硬岩掘进机、竖井掘进机等数量增多，并向智能化、多元化的方向发展，如图 6.5 所示。

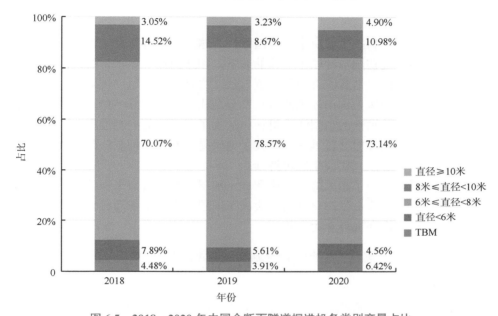

图 6.5　2018—2020 年中国全断面隧道掘进机各类别产量占比

资料来源：根据中国工程机械工业协会掘进机械分会和中国煤炭工业协会统计数据整理绘制

3. 中国成为世界掘进机需求量最大的市场

随着国家经济实力和社会安全意识的不断提升，全断面隧道掘进机已逐渐成为地铁、隧道、综合管廊等地下空间工程建设的主流施工装备。中国已经形成世界上规模最大、发展最快的轨道交通建设市场，同时也是掘进机需求最大的市场。[①]城市化水平和生活品质的提高，对地下空间基础设施的规划、勘察、设计、建设、运营、维护及各阶段技术方法提出了更高的要求，预计地下空间装备市场还将进一步扩大。

6.2　2020 年地下空间工程技术突破

2021 年 10 月，地下空间五项关键技术获业内肯定，荣获 2020 年度中国机械工业科学技术奖科技进步类奖项。同年 11 月，《国务院关于 2020 年度国家科学技术奖励的

---

① 张鑫. 2020 年中国盾构机产量、需求量、市场空间分析，国内市场中铁、铁建"两足鼎立"[EB/OL]. https://www.huaon.com/channel/trend/604993.html[2020-04-22].

决定》发布，包括超大直径盾构掘进新技术及应用、深水大断面盾构隧道结构/功能材料制备与工程应用成套技术、深部复合地层隧（巷）道 TBM 安全高效掘进控制关键技术在内的三项地下空间相关创新技术荣获 2020 年度国家科学技术进步奖二等奖。

6.2.1　基础共性技术

1. 超大直径盾构掘进新技术及应用

超大直径盾构掘进新技术解决了三大国际性难题：一是针对超大直径常压刀盘盾构极易结泥饼，发明了集切削与冲刷于一体的装置，构建内循环泥水系统，降低盾构刀盘泥饼生长速度，应用泥饼消解综合应急处置方法；二是为实现地层沉降变形控制，提出了基于体积守恒控制和压力均衡控制的多维度分布式量-压双控注浆方法，发明了针对不同地层的高抗剪性、流动性的新型注浆材料，达到了毫米级的控制准度；三是针对兼顾开挖面稳定及大量废浆废料处置难题，研发了造浆易、网结和抑制分散性强的新型泥浆材料，降低废弃泥浆总量，实现生态可持续。

该技术及应用，实现了超大隧道在饱和软土地层变形迈入毫米级的跨越，在国际上首次完成了工程泥浆及渣土生态化利用，突破了地层条件限制下超大直径盾构隧道的技术瓶颈，为中国技术走向世界奠定了基石。[①]

2. 超大直径泥水平衡盾构机自主设计制造关键技术及应用

超大直径泥水平衡盾构机作为地下空间施工所需重型装备，提出了高水压环境下高效率常压换刀、大断面复杂地层泥浆循环高效排渣、大直径泥水平衡盾构机多系统协同智能感知控制等三项关键技术，解决了"换刀难、出渣难、控制难"三大国际行业难题。2018—2020 年，中国自主研制了 15 米级"CREC306"、"春风号"等 18 台超大直径泥水平衡盾构机，并已形成 5 条超大直径泥水平衡盾构机生产线，具备年产 10 余台（套）产品的能力，实现了超大直径泥水平衡盾构机的产业化。[②]

该项技术成果已成功应用在汕头、深圳等重大工程中，打破了超大直径泥水平衡盾构机核心技术被国外垄断、设备长期依赖进口的现状，填补了国内空白并成功出口国外，实现中国智造进入国际高端市场，极大提升了中国装备在国际市场上的影响力。

3. 深水大断面盾构隧道结构/功能材料制备与工程应用成套技术

深水大断面盾构隧道结构/功能材料制备与工程应用成套技术以大型穿江越海隧道工程建筑材料的需求为背景，提出了盾构隧道建造材料结构功能一体化设计与制备创新思路，首创深水大断面隧道的高抗渗、高耐久和结构安全关键材料，研制盾构废弃泥砂原位资源化利用技术制备同步注浆关键材料，发明阻燃抗滑降噪多功能沥青路面结构设

---

① "超大直径盾构掘进新技术及应用"科技成果评价会在深圳召开[EB/OL]. http://www.csrme.com/User/Content/show/id/1077.do[2020-02-11].

② 超大直径泥水平衡盾构机自主设计制造关键技术及应用[EB/OL]. http://www.cncma.org/article/10072[2021-04-20].

计与铺装技术。结合材料研究、建筑结构、工程设计与施工应用等研发主体，发明了支撑保障隧道工程结构安全、施工安全、运营安全的三大关键材料及其制备与技术。[①]

该技术成果已应用于武汉三阳路长江隧道等多条深水大断面隧道工程，推进了中国隧道工程技术和建筑材料的科技进步。

4. 高效施工的系列地下连续墙液压抓斗研发及产业化

地下连续墙作为城市轨道交通、地下空间、污水处理设施、水利水电等重大工程深基坑的永久性支护结构，其传统施工技术存在效率低、成槽精度差、设备可靠性差等问题，严重威胁到工程建设的质量及效益，制约了中国地下连续墙工艺的发展。

为提升设备的施工速度，地下连续墙液压抓斗研发及产业化项目创新了低阻型抓斗结构与高效的施工控制系统，研发了低阻型模块化抓斗体结构，发明了高效施工的地下连续墙液压抓斗电液控制方法。同时，为了确保设备连续施工，研发了抓槽过程主动纠偏与智能监控技术、钢丝绳自动张紧技术与开闭斗状态智能监控技术，实现设备的便捷操控。发明高效施工的系列地下连续墙液压抓斗 XG480D、XG500E、XG700E，并起草了行业标准《建筑施工机械与设备　地下连续墙液压抓斗》（JB/T 12157—2015），促进了设备的技术进步。

在城市建筑、桥梁锚碇、水利建设等多方面建设中，该系列地下连续墙液压抓斗已取代进口产品，得到了推广应用，促进了中国地下连续墙液压抓斗技术的再次进步。[②]

5. 隧道除尘台车关键技术

根据中铁科工集团有限公司新闻中心的报道，隧道除尘台车关键技术突破了快速高效集尘技术、风幕隔离脱尘技术、压入式正压净化技术、射流风向与隧道壁面间最优除尘夹角等关键核心技术。除尘时间为 15—20 分钟，较传统除尘技术缩短 60% 以上，可实现高效除尘。

中铁科工集团有限公司 RD1200 干式除尘器作为先进施工装备，成功助力四川省康定市郭达山隧道建设。该工程采用隧道除尘台车，实现高效除尘，为高原高寒铁路隧道高标准快速建设提供清洁的施工环境。

6.2.2　创新性技术

1. 深部复合地层隧（巷）道 TBM 安全高效掘进控制关键技术

深部复合地层隧（巷）道 TBM 安全高效掘进控制关键技术详细阐明了深部复合地层 TBM 高效破岩机理，系统解释了深部复合地层 TBM 可掘性评价方法，发明了深部复合地层 TBM 施工挤压变形卡机、岩爆和突涌水等工程灾害控制技术，搭建了深部复合地层 TBM 系统适应性设计理论与评价决策系统。

---

① 铁四院 3 项成果获国家科技进步奖[EB/OL]. https://m.thepaper.cn/baijiahao_15217496[2021-11-03].
② 高效施工的系列地下连续墙液压抓斗研发及产业化[EB/OL]. http://www.cncma.org/article/10051[2021-04-20].

该技术成果成功应用于水利、交通、矿山领域等多项国家重点工程，以及首台国产TBM和国产最大直径TBM等装备的系统设计上，显著提高了掘进效率，保障了工期和施工安全，整体提升了中国TBM装备制造和掘进控制技术水平。[①]

2. 硬岩巷道钻爆施工装备关键技术研究及应用

根据中国工程机械工业协会官网显示的信息，现阶段地下工程建设仍会采用钻爆法施工，以人工风钻为主的施工方式，施工环境恶劣、工人劳动强度大、安全风险高，机械化施工要求迫在眉睫。老旧矿山巷道、隧道洞库等工程施工中，山路崎岖陡峭、断层节理裂隙多、地质等级变化迅速、爆破光面效果差，这对施工装备提出了更加严苛的要求。

硬岩巷道钻爆施工装备关键技术研究攻克了软开孔、三级防卡钎凿岩控制技术，九关节多连杆机械臂运动学解析技术，台车与隧道中心线自动拟合技术，能量自匹配节能控制技术，推进器伸缩系统高频振动适应技术，适应狭小区域、大坡度等极限工况的高通过性底盘技术，这六大项核心技术应用于系列掘进钻车并实现产业化，推动中国地下矿山开采、隧洞施工行业机械化、智能化发展。[②]

3. 隧道掘进机螺旋推进式破岩伺服试验机研制及应用

隧道掘进机螺旋推进式破岩伺服试验机研制按照隧道掘进技术设计工作情况，采用1:1的比例，开发了隧道掘进机滚刀破岩机理实验平台，并根据隧道掘进机选型设计和现场掘进参数定量选择的需求开展应用。

该项目主要针对不同刀具类型、刀具布置、岩样、掘进参数，开展破岩机理实验及土体切削机理实验，为TBM刀盘设计及施工提供理论指导，开发刀具破岩机理实验平台，对承载结构可靠性、刀盘部件设计优化、掘进模拟执行机构设计优化、系统控制及数据采集设计优化等开展研究，保证平台控制稳定，数据采集可靠真实。[③]

6.2.3　智能化技术

1. 大型工程机械装备智能化终端与运维平台关键技术及产业化应用

在经历多年产学研用联合攻关后，大型工程机械装备智能化终端与运维平台关键技术实现了我国工程机械装备行业由生产型制造向服务型制造转型升级，推动了产业由大到强的跨越式发展。

该技术创造性提出了工程机械装备海量异构信息感知"端—边—云"协同与智能终端技术，发明了变频采样稀疏编码特征提取新方法，研制了系列智能化终端，形成国家标准；大数据驱动、知识库支撑、多模型融合的装备健康精准评估技术，可实现典型故障快速诊断、性能精确评估及健康状态精准预测预报；创建了装备云平台标准架构，攻

---

① 喜报！武大连续三年获得国家科技进步一等奖[EB/OL]. https://m.thepaper.cn/baijiahao_15205065[2021-11-03].

② 硬岩巷道钻爆施工装备关键技术研究及应用[EB/OL]. http://www.cncma.org/article/10063[2021-04-20].

③ 韩伟锋，李凤远，陈桥，等. 多功能螺旋推进式盾构刀具破岩伺服试验机研制及应用[Z]. 盾构及掘进技术国家重点实验室，中铁隧道局集团有限公司，成都理工大学，洛阳理工学院，洛阳九久科技股份有限公司，2020.

克了海量异构数据接入、存储、访问及分析关键技术，研发的"装备云""宝之云"等云平台及系列工业 APP（application，应用程序），实现了工程机械装备工况的实时在线监控和运维服务。①

2. 隧道钻爆法施工成套装备及智能化技术

隧道钻爆法施工成套装备及智能化技术围绕钻爆法智能化施工面临的"智能化成套施工装备、现场自主量测定位手段、大数据协同管理平台深度工程化应用技术、智能化施工装备全工序技术体系"四方面难题，以隧道智能建造施工装备研制为核心，从机理、理论、关键技术到体系融合开展全过程自主创新，突破了隧道钻爆法智能施工多项关键技术难题，研发了涵盖隧道钻爆法施工全工序的系列化成套装备，取得了系列创新成果。

该技术成果在公路、铁路、水利、国防等领域重点工程中得到成功应用，实现了超欠挖现象、隐蔽工程缺陷率、安全事故率、设备材料非工损耗率等工程问题大幅降低，总体工效比人工法明显，取得了显著的经济和社会效益。②火山隧道全工序洞内施工场景图及火山隧道钻爆法施工装备图见图 6.6 和图 6.7。

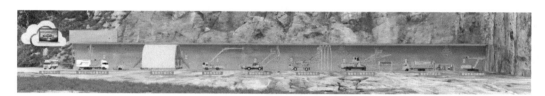

图 6.6　火山隧道全工序洞内施工场景图

图 6.7　火山隧道钻爆法施工装备图

资料来源：铁建重工

① 大型工程机械装备智能化终端与运维平台关键技术及产业化应用[EB/OL]. http://www.cncma.org/article/10045 [2021-04-20].

② "隧道钻爆法施工成套装备及智能化技术"通过科技成果评价[EB/OL]. http://www.csrme.com/Home/Content/show/id/ 1221.do[2020-05-14].

6.3   2020 年地下空间装备制造升级

6.3.1   硬岩全断面隧道掘进机工法首次引入抽水蓄能电站工程建设

2020 年 4 月 14 日，世界首台超小转弯半径硬岩掘进机——"文登号"实现首个区间 887 米上层廊道贯通。该装备直径 3.53 米，长约 37 米，体积只有常规硬岩全断面隧道掘进机的 80%左右，转弯半径 30 米，约为常规设备的 1/10，在掘进过程中可以 60 度转弯，具有安全性好、掘进效率高、适应性强等特点，最大限度地提高了灵活性、机动性。[①]

根据中铁装备官网的信息，"文登号"已应用于国网新源山东文登抽水蓄能电站工程，这是中国首次将硬岩全断面隧道掘进机工法引入抽水蓄能电站工程建设领域，对推动中国抽水蓄能电站智能化建设施工、掘进机产业高质量发展具有重大意义。

6.3.2   全球首创压注工法新型硬岩掘进机顺利下线

2020 年 4 月 28 日，"雪山号"和"雪莲号"新型硬岩掘进机在常熟成功下线。据江苏省机械工程学会统计的信息，该装备全球首创压注工法，以解决施工中的诸多难题，首次提出压注混凝土工法理念，将敞开式硬岩掘进机与压注混凝土工法进行创新性融合，研制出应用两种掘进、三种支护模式的压注工法新型硬岩掘进设备。

2020 年 7 月 14 日，"雪莲号"在天山胜利隧道出口端顺利进洞。该新型硬岩掘进机直径为 8.43 米，全长 282 米，重约 2000 吨，具有自动化程度高、现场作业环境好、工人劳动强度低、地质适应性强、施工速度快等优点，实现了在大变形、强岩爆、多断裂带等多种复杂地层下安全、环保、快速、高效的掘进。[②]

6.3.3   中国打破了世界暂无有效的井下或隧道救援装备的历史

2020 年 9 月 22 日，由中交天和自主研发的中国首台救援掘进机"天和一号"，成功通过了专家验收，打破了世界暂无有效井下或隧道救援装备的历史。

"天和一号"重约 55 吨，可利用普通货车运输至事故现场，最大破岩能力达 200 兆帕，油缸推力达 240 吨，救援掘软土推进速度可达 5 米/小时，排土可达 12 米^3/小时，总推进深度可达 50 米，单节筒体 2 米，自行走速度达 10—12 米/分钟，爬坡角度达 15 度，可以快速到达救援面，并能在复杂地质环境中展开救援。[③]该装备采用可伸缩复合刀盘设计、复合刀盘旋转设计、多功能螺旋叶片型钻杆设计、钢管套顶推装置设计、远

---

① 全球首台紧凑型超小转弯半径硬岩 TBM 下线[EB/OL]. https://www.163.com/dy/article/EOQJQGI20518T22P.html [2019-09-11].

② 全球首创压注工法新型硬岩掘进机顺利下线[EB/OL]. https://m.thepaper.cn/baijiahao_7190615[2020-04-29].

③ 中国首台救援掘进机"天和一号"通过国家验收[EB/OL]. http://www.cncma.org/article/8893[2020-09-24].

距离控制系统设计等，可在软土、建筑废墟、复合地层、硬岩等不同的地质环境中进行救援。

6.3.4　中国超大直径盾构成套技术跻身世界前列

2020 年 9 月 27 日，超大直径盾构机"京华号"在长沙下线，成为世界第三大直径盾构机。"京华号"最大直径 16.07 米，整机长 150 米，总重量 4300 吨，是我国迄今研制的最大直径泥水平衡盾构机，标志着我国超大直径盾构成套技术跻身世界前列。①

"京华号"配置了常压换刀、伸缩主驱动、超大直径重载管片高效倒运及拼装技术、高效大功率泥水环流系统、高精度开挖面气液独立平衡控制等多项核心技术，创新搭载管环收敛测量、管环平整度检测、管环选型、自动盾尾间隙测量、同步双液注浆、三通闭塞器换管等系统装置，是一种相对安全、高效、绿色的隧道掘进施工模式。

6.3.5　国产首台四臂凿岩台车问世

2020 年 11 月 24 日，由铁建重工自主研制的国产首台四臂凿岩台车在上海亮相，该设备可用于铁路、公路等隧道开挖和支护作业，填补了国产高端凿岩施工装备的空白。与三臂凿岩台车相比，四臂凿岩台车打孔作业宽度可达 17.6 米、高度可达 13.4 米，一次作业覆盖范围达到 200 平方米，相当于两台三臂凿岩台车同时作业。②

根据中国铁建股份有限公司官网中的信息，四臂凿岩台车的各臂配备大功率凿岩机，加载智能成套技术，具备全智能开挖钻孔、超前地质钻探与分析、锚杆施工、管棚和注浆加固、配合装药及撬毛等功能。在钻孔作业中，自动实现开孔、防卡钻、防空打，并实时记录钻孔参数，分析超挖和欠挖原因，及时优化下一循环钻孔方案。大幅提升了隧道开挖效率，为大型隧道工程建设提供了高效施工方案。

---

① 国产最大直径盾构机"京华号"在长沙下线[EB/OL]. https://www.guancha.cn/industry-science/2020_09_27_566505.shtml[2020-09-27].

② 胡清. 中国铁建自主研制国产首台四臂凿岩台车问世[EB/OL]. https://www.crcc.cn/art/2020/11/30/art_1592_3455921.html[2020-11-30].

第7章

地下空间科研与交流

7.1 科研支撑

7.1.1 高等院校

据阳光高考信息平台（教育部高校招生阳光工程指定平台）公开的统计数据，截至 2020 年底，全国共计 72 所高等院校开设了"城市地下空间工程"本科专业（专业代码：081005T），占全国高校总数的 5.7%。截至 2020 年底开设"城市地下空间工程"专业的高等院校分布情况，如图 7.1 所示。

图 7.1　截至 2020 年底开设"城市地下空间工程"专业的高等院校分布情况

东部、中部、西部、东北地区开设"城市地下空间工程"本科专业的高等院校数量分别占开设该专业高等院校总数的 38.9%、31.9%、12.5%、16.7%。

东部、中部、西部、东北地区开设"城市地下空间工程"专业的高校分别占各地区高校总数的 5.41%、7.85%、2.92%、8.63%。中部和东北地区高等院校的"城市地下空间工程"专业设置率较高。

据中国研究生招生信息网公开的统计数据，全国共计 30 所高等院校培养地下空间工程相关研究方向的硕士研究生，其中在东部、中部、西部、东北地区的高等院校数量分别占总量的 36.7%、36.7%、16.6%、10.0%；全国共计 22 所高等院校培养地下空间工程相关研究方向的博士研究生，其中东部、中部、西部、东北地区的高等院校数量分别占总量的 22.73%、36.36%、22.73%、18.18%。

综上，仅从数据显示，东部和中部地区的高等院校在地下空间专业本科教育以及更深入的研究技能培育方面，为中国地下空间领域的人才输出贡献了较大力量。

7.1.2　人才培养

72 所高等院校开设的"城市地下空间工程"本科专业课程，以岩土力学与工程、土木工程经济与项目管理、地下空间维修与养护等为主，涉及地下空间利用的力学、经济、建设与维护等方面的相关基础知识。

30 所高等院校设置的地下空间工程相关的硕士研究方向，涵盖了地下空间规划—设计—建设—运维的全生命周期，主要围绕地下空间规划、设计、工程建造技术等展开研究。

22 所高等院校设置的地下空间工程相关的博士研究方向，聚焦地下工程，以地下空间灾害与事故为突破点，主要围绕地下工程防灾技术如防灾减灾技术、支护技术，灾害防治如火灾防治、抗震等展开研究。

至此，中国地下空间专业人才培养初具体系，但是就业地区、从业性别、薪资水平等差异明显。据阳光高考公开的统计数据，2020 年，全国"城市地下空间工程"专业毕业生规模为 3000—3500 人。其中，在男女比例方面，男性毕业生占比超过 80%；在就业方向方面，主要从事工程设计、工程预算、施工现场管理等工作；在薪酬水平方面，毕业 3 年内平均月薪水平主要为 6000—8000 元，位于北京、浙江、广东等经济条件较好的省市，薪酬水平高于平均值。

随着地下空间技术与装备的快速崛起、国土空间规划体系的日益完善与实施，中国对城市地下空间工程专业人才需求以及专业度要求将进一步提高。与时俱进地将 5G、大数据等信息技术以及国土空间规划相关内容融入"城市地下空间工程"专业课程是培养地下空间领域先进复合型人才的重要路径。

7.1.3　科研项目

1. 科研基金数量翻倍增长，深层地下空间项目初显热潮

2011—2020 年，国家自然科学基金委员会（以下简称自然科学基金委）共批准资助

502 个地下空间相关的基金项目（以下简称地下空间基金项目），资助金额总计 36 676.20 万元。

其中，2020 年自然科学基金委批准资助地下空间基金项目共 63 项，同比增长 21.15%，资助金额共计 7514.0 万元，同比增长 105.72%（图 7.2）。与 2019 年相比，获批资助金额增幅较大，有 7 个获批项目资助金额超过 400 万元，且其中 5 个深层地下空间项目总金额达到 3600 万元（表 7.1），约占 2020 年获批项目总金额的 47.9%。

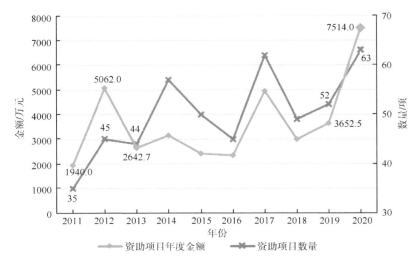

图 7.2　2011—2020 年自然科学基金委批准资助地下空间基金项目年度金额、数量情况

资料来源：LetPub 专业 SCI 论文编辑；科学网基金

表 7.1　2020 年批准资助经费不低于 400 万元的地下空间基金项目

序号	项目名称	负责人	单位	金额/万元
1	超大城市深层地下空间韧性基础理论	陈湘生	深圳大学	1800
2	隧道与地下工程重大地质灾害预报和控制	李术才	山东大学	1000
3	超大城市深层地下空间韧性评估与韧性提升	陈湘生	深圳大学	600
4	岩土与城市地下工程	路德春	北京工业大学	400
5	超大城市深层地下结构全寿命韧性设计理论基础	陈仁朋	湖南大学	400
6	超大城市深层地下空间地质环境效应多场互馈机制及评估理论	王恩志	清华大学	400
7	超大城市深层地下空间施工扰动——灾变机理与安全控制	丁文其	同济大学	400

住房和城乡建设部编制的《城市地下空间开发利用"十三五"规划》中指出，地下空间在开发深度上正由浅层开发延伸至深层开发。深层地下空间的开发利用比浅层地下空间更具不可逆性，因此其开发利用要求开发区域有充分的战略性考虑，并须开展国土生态环境影响评估；开发实施过程应有充足的理论知识和完善的技术体系基础。2020 年科研基金对深层地下空间研究的重点支持，表明深层地下空间是城市地下空间未来的研究重点之一。

2. 地区地下空间基金项目支持力度与硕博培养平台建设强度基本一致

2020 年自然科学基金委批准资助的 63 项地下空间基金项目分布在 2 个直辖市、17 个省。其中，东部地区共 30 项，占总数量的 48%；中部地区共 20 项，占总数量的 32%，西部地区、东北地区项目较少，如图 7.3 所示。

各地区地下空间基金项目的数量、金额与前述的分地区地下空间硕博培养平台建设强度基本一致，如图 7.4 所示。

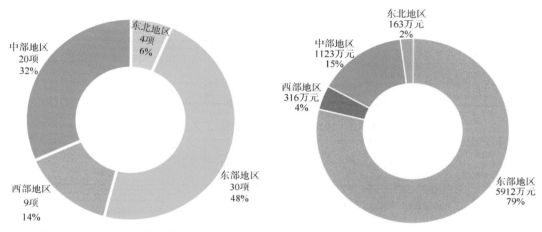

图 7.3　2020 年地下空间基金项目的　　　图 7.4　2020 年地下空间基金项目的
　　　　区域分布数量情况　　　　　　　　　　　区域分布金额情况

3. 高等院校是科研项目中坚力量，亟须搭建产学研用大平台

2020 年批准资助的 63 项地下空间基金项目中，项目依托单位共 42 个（图 7.5），总量无明显增长；以高等院校为依托的项目有 60 项，占项目总数的 95%，高等院校仍是自然科学基金委的主要资助对象。

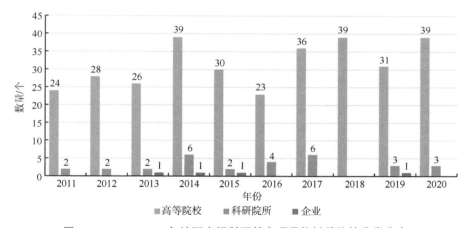

图 7.5　2011—2020 年地下空间科研基金项目依托单位的分类分布

　　其中，同济大学获批项目数量和金额均名列前茅，成为 2020 年中国地下空间科研受资助支持的重点单位；华东交通大学获批 5 项，为获批项目数量最多的依托单位；深圳大学和山东大学获批项目数量不多，但单项获批金额均不少于 1000 万元，研究方向分别为深层地下空间韧性、地下工程与重大地质灾害控制，在未来中国深层地下空间高效利用、降低地质灾害对地下空间的影响上将发挥更大作用，详见表 7.2 和表 7.3。

表 7.2　2020 年获批项目数量前四名机构

依托单位名称	获批项目数量/项	获批项目总额/万元
华东交通大学	5	141
同济大学	4	572
北京工业大学	4	543
西南交通大学	4	127

表 7.3　2020 年获批项目总额前三名机构

依托单位名称	获批项目数量/项	获批项目总额/万元
深圳大学	2	2400
山东大学	1	1000
同济大学	4	572

　　纵观 2011—2020 年，以科研院所、企业等为依托的地下空间科研基金项目寥寥无几，在地下空间科研水平方面暴露出停滞不前的客观事实。十三届全国人大四次会议通过的《中华人民共和国国民经济和社会发展第十四个五年规划和 2035 年远景目标纲要》中指出，"支持行业龙头企业联合高等院校、科研院所和行业上下游企业共建国家产业创新中心，承担国家重大科技项目"。

　　为响应政策要求，近期地下空间领域亟须着力形成产学研用深度融合的技术创新体系，鼓励高等院校、科研院所、企事业单位共建联合研究机构，搭建地下空间产学研用大平台，推动地下空间领域科研水平进一步提高，以政策导向、需求导向、问题导向、结果导向等深入推动地下空间科研转化，带动行业与市场快速良性发展，服务社会经济发展。

4. 地下工程建设是国家重点支持领域，地下交通、市政居主导地位

　　通过对 2011—2020 年 502 个不同类型的地下空间基金项目进行分析，地下交通类（含轨道交通、地下道路、地下车库等）项目、地下市政类（含综合管廊、地下管线、地下水库、地下变电站等）项目受资助金额虽然在十年间整体呈现出小幅降低的趋势，但仍是受资助最多的两种类型，受资助金额占比分别为 40.47% 与 4.42%。

　　其他资助类型涉及内容多而分散，包括地质、探测、结构、安全、装备等多种类型，每年的类型并无明显规律，虽然其他类型的占比呈现增大的趋势，但无法进行逐年同类型归类。此外，地下商业服务业类、地下物流类项目的受资助金额占比仅分别为 0.38%、0.79%。

其中，2020 年获批的 63 项地下空间基金项目中，地下交通类项目受资助金额占比为 18.13%，地下市政类项目受资助金额占比为 2.94%（图 7.6）。

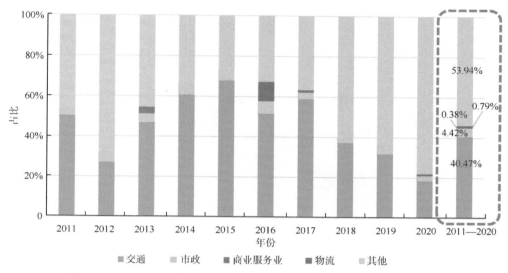

图 7.6　2011—2020 年不同类型地下空间基金项目受资助金额占比分析

以 2011—2020 年 502 个地下空间基金项目的题目及关键词为数据源，借助文本挖掘工具（ROST CM6）[①]，通过识别高频词以及联系构建语义网络，分析国内过去在地下空间研究方面支持的重点，初判未来研究的热点方向。

通过对地下空间基金项目的题目及关键词的高频词进行识别，可以看出 2011—2020 年地下交通类项目中地铁是资助的重点，地下市政类项目中综合管廊是资助的重点，如图 7.7 所示。

2011 年以来，自然科学基金委对地下工程建设环节的资助力度最大，对地下空间资源、规划、开发、管理方面的资助力度较小。根据《城市地下空间开发利用管理规定》（1997 年发布，2011 年修正）第三条"城市地下空间的开发利用应贯彻统一规划、综合开发、合理利用、依法管理的原则"，地下空间全生命周期中的规划、开发、管理的研究重要性不可轻视，同时地下空间资源是合理开发利用的前置条件，因此未来需加强对地下空间资源、开发、规划和管理等方面研究的资助力度。

5."安全""智能"是"十四五"期间地下空间科研热点

2011—2020 年，结构、隧道、安全、地震等关键词在地下空间基金项目中出现频次较高，如图 7.7—图 7.9 所示；安全方面，包括安全评估、安全控制、隧道安全等，如图 7.10（a）所示。2020 年，结构、地震、安全等关键词出现频次较高，如图 7.11 所示；安全方面，包括施工安全、车站安全、地铁安全等，如图 7.10（b）所示。

① ROST CM6 为文本挖掘工具，是由武汉大学沈阳教授研发编码用于辅助人文社会科学研究的平台。目前，国内研究人员以政策法规、学术文献、评论文本等为主体，借助该工具识别文本中的高频词以及文本之间的联系构建语义网络，分析某研究主题的研究热点。

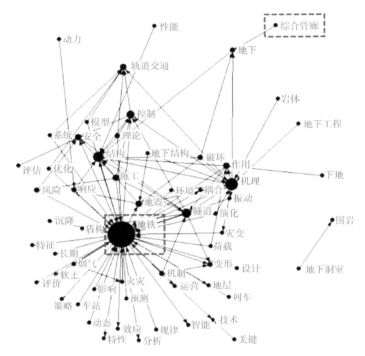

图 7.7   2011—2020 年地下空间基金项目的高频词网络

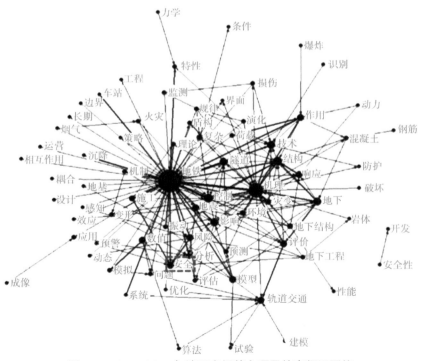

图 7.8   2011—2015 年地下空间基金项目的高频词网络

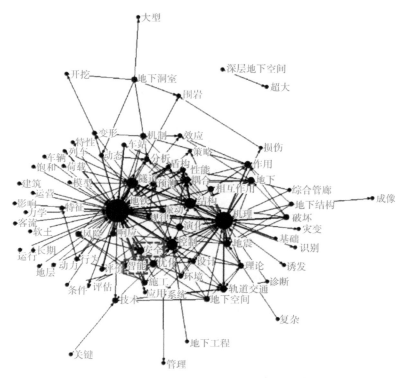

图 7.9　2016—2020 年地下空间基金项目的高频词网络

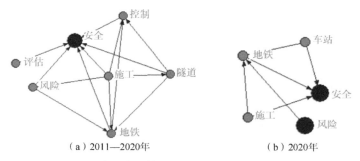

（a）2011—2020 年　　　　　　　（b）2020 年

图 7.10　地下空间基金项目中"安全"高频词网络

2016—2020 年，地下空间基金项目中"智能"作为关键词，出现频次明显高于 2011—2015 年，且主要关注安全风险、地铁施工两个方向，并涉及大数据、物联网、云计算、无人驾驶、数据三维可视化等多种技术，如图 7.8 和图 7.9 所示。2020 年，获批的"智能"相关研究主要集中在地铁施工、地铁运行等方面，以施工突发环境智能事件监测、施工安全风险智能预控等作为切入点，如图 7.10 和图 7.12 所示。

由此推测"安全""智能"仍将是"十四五"期间地下空间研究的热点。

6. 主动应对自然灾害类研究支持力度加大

2011—2020 年，地下空间基金项目中关于灾害的研究包括人为灾害与自然灾害，如火灾、工程沉降、工程变形、地震等。2020 年，地下空间基金项目中关于灾害的研究主要包括地下工程灾害、地震、地下工程抗震等，研究从灾害本身延伸至如何应对灾害的方法与措施，如图 7.13 所示。

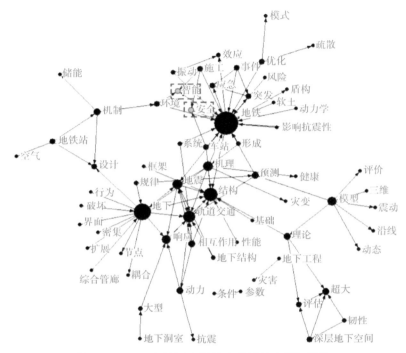

图 7.11　2020 年地下空间基金项目的高频词网络

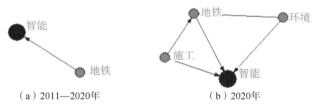

（a）2011—2020 年　　　　　　（b）2020 年

图 7.12　地下空间基金项目中"智能"高频词网络

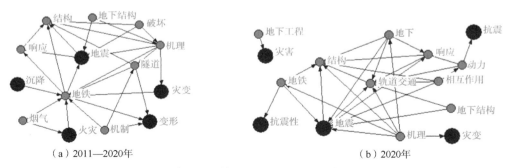

（a）2011—2020 年　　　　　　（b）2020 年

图 7.13　地下空间基金项目中"灾害"高频词网络

7.2　科　研　成　果

近年，引入国内的科学知识图谱（mapping knowledge domain，MKD），其作为科学计量学的新方法在国内掀起一波科学计量研究的热潮。CiteSpace（一款引文可视化分析软件）是实现 MKD 的软件，其凭借操作简单、界面美观、图谱直观、图谱种类多样、引入时间维度等优势，迅速吸引了各专业学科研究人员，并成为国内最流行的知识可视化软件。CiteSpace 提供了 3 类多达 11 种功能选择图谱，基于不同图谱可针对某研究领域发展现状、演变情况、研究前沿等进行分析。

在此，利用国家合作图谱分析各国在地下空间方面的合作情况及学术影响力，选择关键词共现图谱对比分析地下空间国内外研究热点及其演变情况，并基于 CiteSpace 5.7.R5W 完成图谱绘制。CiteSpace 提供了两类可视化方式，本次选择时间线图谱，分析聚类中研究热点的时间跨度，以及聚类之间的关联情况。

7.2.1　学术论文

1. 中国地下空间学术研究独领风骚

2011—2020 年，中国知网收录的地下空间主题的期刊文献[核心期刊、中文社会科学引文索引（Chinese Social Sciences Citation Index，CSSCI）、中国科学引文数据库（Chinese Science Citation Database，CSCD）]共计 1878 篇，其中 2020 年共 246 篇，占比 13.10%，同比增长 3.36%。

2011—2020 年，Web of Science 收录的地下空间主题期刊文献（Web of Science Core Collection）共计 1095 篇，其中 2020 年共 332 篇，占比 30.32%，与 2019 年相比增长 43.72%，如图 7.14 所示。

图 7.14　2011—2020 年地下空间主题的中文、英文期刊文献数量年份分布

资料来源：中文文献来源是中国知网（核心期刊、CSSCI、CSCD）；英文文献来源是 Web of Science Core Collection

　　自 2016 年起，全球地下空间主题的重要期刊文献数量快速增长（图 7.14），2016—2020 年的总量比 2011—2015 年增长了 111%，其中，以英文期刊文献增量为主，增长超 3.5 倍，主要分布于中国、美国、韩国、澳大利亚、西班牙、英国、日本等国家（图 7.15）。结合英文期刊文献国家合作图谱分析，中国出现频次最高且远超其余国家，表明中国地下空间研究最为活跃，发文量最大。西班牙则与其他国家合作最多，影响力也较大。

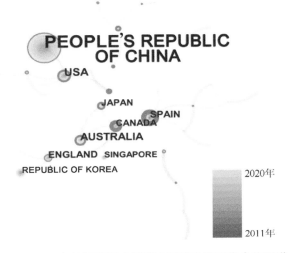

图 7.15   2011—2020 年地下空间主题英文期刊文献国家合作图谱

　　综上，全球范围内，中国在地下空间学术研究方面表现最为积极、贡献巨大。2016 年发布的《城市地下空间开发利用"十三五"规划》对于国内地下空间主题的学术研究具有一定的激励作用。

　　2. 地下空间功能设施研究趋向多元化，基础设施建设研究仍是重点

　　《城市地下空间利用基本术语标准》（JGJ/T 335—2014）中按使用功能分为地下交通设施、地下市政公用设施、地下公共服务类设施、地下仓储设施、地下物流设施、地下防灾减灾设施及地下综合设施共七大类城市地下空间设施。

　　依据《城市地下空间利用基本术语标准》中设施的分类，2011—2020 年，国内外在地下空间学术研究的聚焦点有所不同，国内地下空间学术研究重点是地下交通设施、地下市政公用设施，国外地下空间学术研究重点则是地下市政公用设施，如图 7.16 和图 7.17 所示。

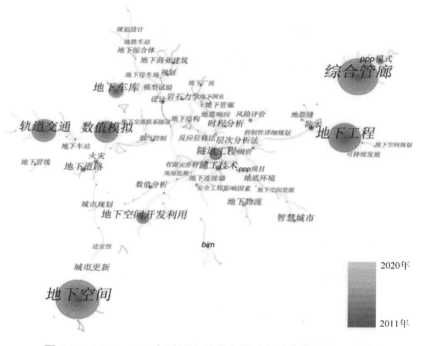

图 7.16　2011—2020 年地下空间中文期刊文献关键词共现图谱

图中字母不区分大小写

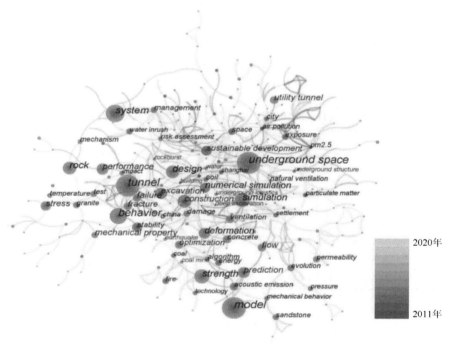

图 7.17　2011—2020 年地下空间英文期刊文献关键词共现图谱

图中字母不区分大小写

具有半公共产品性质的地下物流设施作为地下空间研究的前沿方向，受到国内外学者的重视，用以补充当前铁路、公路、水路、航空运输手段，成为第五类运输和供应系统。2018 年起，地下物流方面的中文期刊文献数量显著增多（图 7.18）。

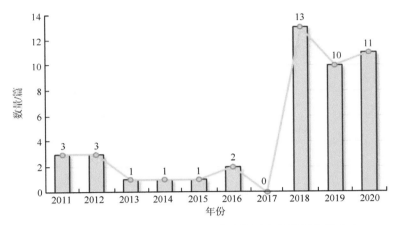

图 7.18　2011—2020 年地下物流中文期刊文献数量年份分布

2019 年中共中央、国务院印发《交通强国建设纲要》，通过积极发展"城市地下物流配送"等新模式来实现便捷舒适、经济高效的运输服务，以支撑国内学者继续探索针对城市地下物流的各类研究。预计"十四五"期间，地下物流中文期刊文献数量仍会保持增长趋势。

但是，除具有基础设施性质的地下物流设施外，针对其他功能设施如地下公共服务设施及其细分类的地下商业设施等的研究相对较少。2011—2020 年中文期刊文献中，提及地下空间功能设施耦合的研究仅有 5 篇，详见表 7.4。

表 7.4　2011—2020 年国内地下空间功能耦合中文期刊文献

序号	标题	作者	年份
1	基于关联耦合法探讨城市地下空间需求模型	曹轶，冯艳君	2013
2	基于组合评价方法的城市地下空间详细规划方案评价	王曦，刘松玉	2014
3	基于功能耦合理论的城市地下空间规划体系	王曦，刘松玉，章定文	2014
4	生态文明时代超大城市地下空间科学规划方法探索——以北京城市地下空间规划建设为例	石晓冬，赵怡婷，吴克捷	2020
5	城市 CBD 地下空间耦合规划方法探索	宋博文，王卫东，谭栋杰	2020

1）政策推动综合管廊落地，促进相关研究加快发展

"十二五"期间，综合管廊的设计是主要研究方向，而自 2015 年《国务院办公厅关于推进城市地下综合管廊建设的指导意见》颁布后，综合管廊研究整体数量上升，中文

期刊文献的数量陡增，从"十二五"期间年均不足 10 篇，到"十三五"期间年均超过 100 篇。"十三五"期间综合管廊的研究重点由设计向地下空间规划布局、施工技术、维护管理以及融资模式转变，可见政策推动下的综合管廊应用对相关方向研究具有极大的促进作用，如图 7.19 和图 7.20 所示。

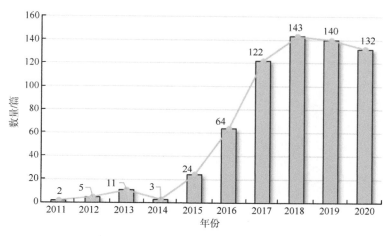

图 7.19　2011—2020 年综合管廊中文期刊文献数量年份分布

2）地下交通设施研究以动态交通设施为主

地下交通设施研究分为动态交通设施研究与静态交通设施研究。动态交通设施研究是地下交通设施的研究重点，主要包括轨道交通、地下道路、地下交通联系隧道，其中地铁作为轨道交通的重要组成部分，成为地下动态交通设施的研究重点；地下静态交通设施主要是地下车库。

2011—2020 年，针对地下交通设施的研究由主要关注工程设计、安全设计、施工技术转向主要关注一体化规划设计、5G 智能技术融合应用等，由此，地下交通设施研究在"十四五"期间将延续当前趋势并朝着地下空间一体化、智慧化的方向发展。2011—2020 年地下交通中文期刊文献关键词时间线图谱如图 7.21 所示。

3. 学术研究覆盖范围广，地下空间权属研究仍为重点

2011—2020 年，地下空间学术研究虽在建设方面研究得相对较多，但已基本覆盖地下空间的全生命周期要素，根据地下空间利用的阶段进行划分，具体可分为地下空间资源、地下空间规划、地下空间开发、地下工程建设、地下空间管理等五个方面。

其中，地下空间资源主要包括地质环境适宜性研究等。

地下空间规划主要包括地下空间需求预测、地下空间功能布局、地下空间竖向分层、地下空间各级规划及规划体系研究等。

地下空间开发主要包括地下空间开发模式、地下空间投融资模式、经济可行性研究、地下空间开发战略等。

地下工程建设主要包括地下工程可行性研究、地下工程设计、地下工程施工技术等。

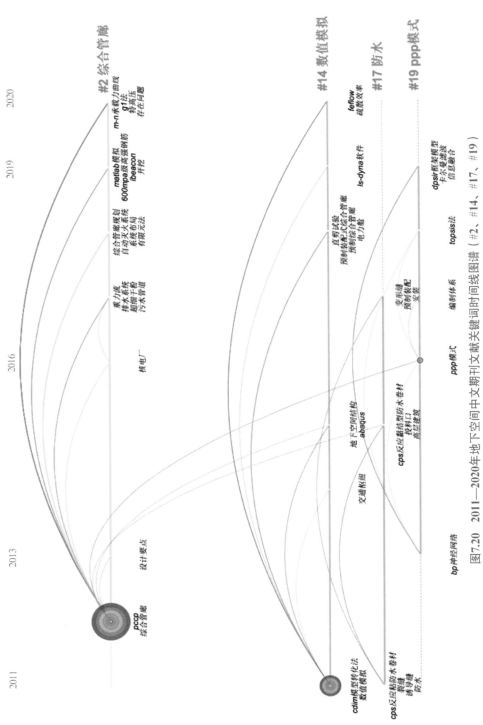

图7.20 2011—2020年地下空间中文期刊文献关键词时间线图谱（#2、#14、#17、#19）

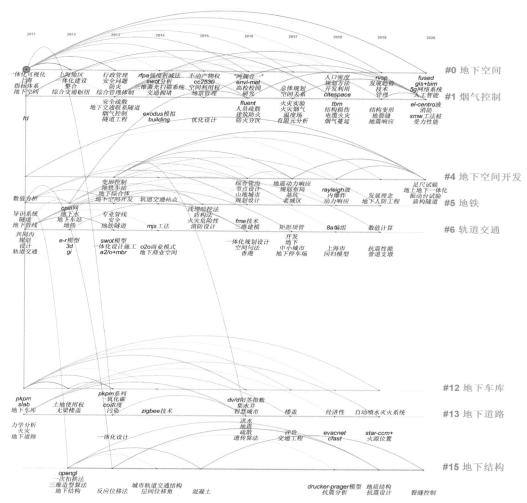

图 7.21　2011—2020 年地下交通中文期刊文献关键词时间线图谱

（#0、#1、#4、#5、#6、#12、#13、#15）

图中字母不区分大小写

地下空间管理主要包括地下空间权属、地下空间综合利用、地上地下一体化、地下工程智慧运维、地下空间防灾减灾。

地下空间管理研究集中表现在地下空间权属争议上，自 2002 年地下空间权属问题受到关注起，至今国内地下空间权属不清晰，权属不清晰导致接二连三的地下产权纠纷，如地下车库权属争议，地下空间权属不清晰问题将对地下空间未来建设与管理产生不利影响。

纵观 2011—2020 年，国内仅有零星学者对地下空间权属问题展开了探讨与研究。尽管"十三五"期间国内学者对其关注度增加，包括地下空间权属划分、物权登记、管理等方向，但研究结论尚未支撑起推动顶层法律的制定。

因此，"十四五"期间及以后较长一段时间内解决地下空间权属问题将成为地下空间管理研究的重点，进而推动中国地下空间法治建设的进一步完善。

4. 地下空间功能多元化、开发一体化更体现"以人文本"理念

2011—2020 年，基于安全、舒适、绿色、便利等思路的地下空间设计主要包括地下污水厂、地铁站、地下停车场、商业空间等地下工程建筑设计和结构设计。从人性化设计的视角来看，"十二五"期间的地下空间设计研究以满足人的生理性需求为主，如提高便利性，舒适的人体温度、湿度，等等。"十三五"期间，地下空间设计研究顺应地下空间多元化和多功能一体化的发展趋势，开始关注人们心理上的舒适需求，如增加地下空间的视觉美感、文化特色等以提高公众在地下空间活动的意愿。

5. 地下空间智能化发展水平不断提升

早在 1995 年，智能技术开始应用于地下工程施工过程中。"十二五"期间地下空间智能研究聚焦地下工程施工技术的智能化、地下空间设备的智能化等，随着信息技术的发展，"十三五"期间，国内学者开始关注地下空间管理的智能化，并结合 BIM、城市信息模型（city information modeling，CIM）等实现对地下工程全生命周期的安全、质量、管理等的控制。2011—2020 年地下空间中文期刊文献关键词知识图谱如图 7.22 所示。

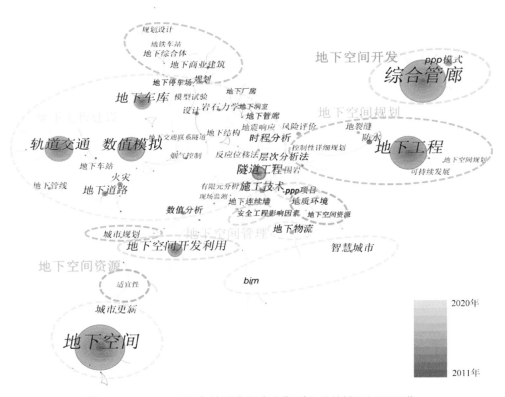

图 7.22　2011—2020 年地下空间中文期刊文献关键词知识图谱

图中字母不区分大小写

7.2.2　图书专著

以中国国家数字图书馆作为图书专著的数据来源，以地下空间、地下工程、地下交通、地下市政、地下商业、地下公共设施、地下仓储等主题及主题拓展关键词为检索词，分析得出 2020 年共出版地下空间图书专著 109 本（书名不含"轨道交通"），包括相关行业计价规范、实施标准、技术应用指南、论文集、教材等。

以地下交通为主题的专著数量占比为 36%（图 7.23），且均与地铁相关；以地下市政为主题的专著数量占比为 19%，主要包括综合管廊、地下储气库等。

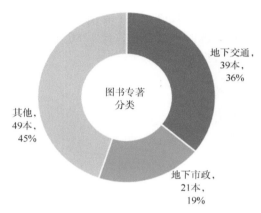

图 7.23　2020 年地下空间图书专著数量及主要类型

关于工程技术的地下空间专著最多；关于运营管理的专著主要关注地铁、综合管廊施工建设管理；关于地质环境的专著关注特殊或复杂地质环境下的工程技术等；关于灾害与防灾的专著以火灾防控、抗震主题为主；关于安全风险的专著关注轨道交通建设与运营的安全管理、风险管控、综合管廊、地下隧道建设安全等。2020 年地下空间出版中文图书主题分类数量情况如图 7.24 所示。

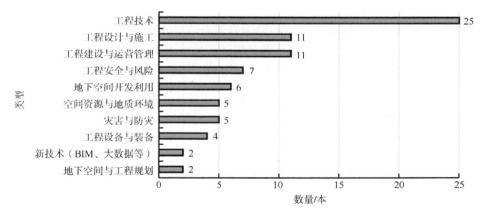

图 7.24　2020 年地下空间出版中文图书主题分类数量情况（不含轨道交通）

2020 年，以地下交通为对象的图书专著聚焦地铁，而地下道路、地下车库等其他地下交通的图书专著较少，有关人防的图书专著更少。

结合本书 7.1.3 节，地下空间基金项目中"十三五"期间关于"智能"的项目支持力度加大。对比分析可得，地下空间图书专著中关于 5G、大数据、物联网、云计算等智能技术的研究成果不足。

7.2.3　专利

以国家知识产权局作为地下空间专利的数据来源，以地下空间、地下工程、地下交通、地下市政、地下商业、地下公共设施、地下仓储等主题及主题拓展关键词为检索词，检索到 2020 年地下空间相关主题的中国专利共计 1280 个，发明公开、发明授权、实用新型、外观设计的数量如图 7.25 所示。

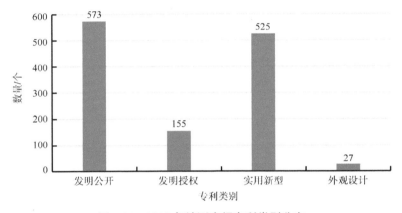

图 7.25　2020 年地下空间专利类别分布

7.3　学　术　交　流

2020 年，举办"地下空间"领域的学术交流会议共 31 场。其中，主办会议场次最多的单位是中国土木工程学会；会议主题最关注的方向是轨道交通；会议地点最热门的城市是上海市。2020 年地下空间学术会议一览表见表 7.5。

表 7.5　2020 年地下空间学术会议一览表

时间	会议名称	地点
4 月	第五届矿产资源、岩土与土木工程国际会议（MSGCE 2020）	线上
6 月	2020 第二届中国轨道交通供电可靠性及节能新技术创新实践研讨会	深圳
	2020 第五届中国（天津）国际海绵城市与综合管廊建设博览会	天津
	2020（第十三届）轨道交通与城市国际峰会	深圳

续表

时间	会议名称	地点
7 月	2020 粤港澳大湾区地铁产业大会	深圳
	2020（第四届）中国城市轨道交通环境噪声与振动控制技术研讨会	南昌
	2020 年第五届中国（国际）智慧轨道交通大会	成都
	2020 年资源勘探与安全工程国际学术会议（RESE 2020）	兰州
8 月	2020（第七届）中国城市轨道交通节能技术大会	郑州
	全国首届地下空间创新大赛暨创新发展高峰论坛	长沙
9 月	2020 中国城市轨道交通关键技术论坛暨第 29 届地铁学术交流会	济南
	2020 年中国城市轨道交通节能技术高峰论坛	南京
	2020 中国智慧轨道交通产业峰会	青岛
	第二届地下空间开发和岩土工程新技术发展论坛	杭州
	韧性城市国际研讨会暨长三角一体化地下空间高质量发展论坛	温州
	2020（第九届）国际桥梁与隧道技术大会暨展览会	广州
	第二届江苏省地下空间学术大会	苏州
10 月	2020 北京国际城市轨道交通展览会暨高峰论坛（MetroTrans 2020）	北京
	2020 年全国公路隧道学术专题研讨会暨中国公路学会隧道工程分会第六届四次理事会	敦煌
	第四届中国城市综合管廊规划建设与管理大会	北京
	第五届地下空间学术研讨会暨中国建筑学会地下空间学术委员会 2020 年会	北京
	"高质量城市建设与集约型地下工程"研讨会	上海
	第二届全球城市地下空间开发利用上海峰会	上海
11 月	2020 轨道交通高质量创新发展峰会	南京
	2020 中国隧道与地下工程大会（CTUC）暨中国土木工程学会隧道及地下工程分会第二十一届年会	深圳
	中国城市规划协会地下管线专业委员会 2020 年年会	上海
12 月	第二届山东省地下空间工程技术论坛	济南
	2020 中国轨道交通发展高峰论坛	上海
	第十五届"ARTS 2020 上海国际先进轨道交通技术展览会"暨"CHINA TUNNEL EXPO 2020 上海国际地下工程与隧道技术展览会"	上海
	第四届国际智能地下空间大会	线上线下相结合
	"国土空间规划契机下地下空间的机遇与挑战"学术研讨会	北京

7.4　信　息　传　播

媒体在地下空间知识的普及与信息传播上发挥了重要作用，引导地下空间领域良性发展。本书基于中国重要报纸全文数据库[①]与可通过浏览器访问的网络资源，运用网络爬虫技术获取地下空间相关的报网资讯（以下简称地下空间资讯）。

7.4.1　中央与地方媒体是地下空间信息传播的主阵地，东部地区关注度最高

2020 年，地下空间资讯共 1295 篇，其中，中央与地方媒体资讯数量占比约 87.49%。

中央媒体报网资讯共 253 篇，资讯数量前五名依次为人民网、中国新闻网、《新京报》、新华网、《中国建设报》。

地方媒体报网资讯共 880 篇，资讯数量前五名依次为《青岛日报》、《北京日报》、《合肥晚报》、《南京日报》、半岛网。

商业媒体资讯仅占总数量的 12.51%，资讯数量前五名依次为网易网、搜狐网、新浪网、腾讯网、澎湃新闻。2020 年地下空间资讯来源分布情况如图 7.26 所示。

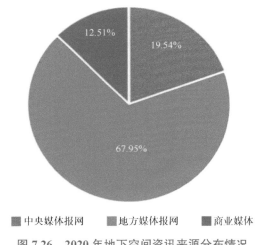

图 7.26　2020 年地下空间资讯来源分布情况

中央与地方媒体资讯中，以地域划分，东部地区城市在高频词中出现的数量最多，频次由高到低依次为青岛、南京、济南、深圳、杭州、北京，其中南京江北新区地下空间建设备受关注。西部地区城市西安、成都、重庆，中部地区城市合肥在高频词中出现的频次也较多，东北地区无高频词城市，如图 7.27 所示。

---

① 中国重要报纸全文数据库是中国第一个以重要报纸刊载的学术性、资料性文献为收录对象的连续动态更新的报纸全文数据库。截至 2020 年底，中国重要报纸全文数据库收录了中央级报纸 169 种、地方级报纸 420 种。

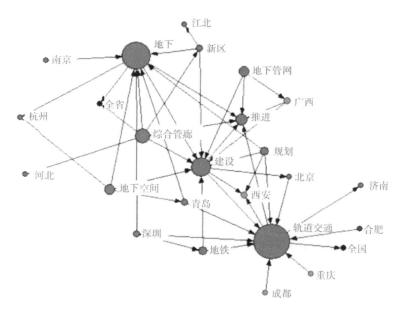

图 7.27 2020 年中央与地方媒体的地下空间资讯的地域分布

7.4.2 地下工程建设是中央与地方媒体关注的重点

中央媒体对地下空间全生命周期要素的关注度从高到低依次为建设、管理、开发、规划、资源，建设占地下空间资讯总数量的 13.4%。地方媒体的关注度从高到低依次为建设、开发、管理、规划、资源，建设占地下空间资讯总数量的 15.8%。

建设方面对于地下空间市场投资较为关注，其中重点关注轨道交通、地下管网投资情况，地下管网的投资用于新建和改造。

管理方面主要关注新建地下工程的施工安全、运营安全及老旧工程的安全整治等。

7.4.3 地方媒体是地下空间法治普及、灾害与事故公开的主阵地

2020 年可获得的 1295 篇资讯中，共 25 篇地下空间法治体系建设相关的新闻资讯，其中地方媒体资讯有 20 篇，占比 80%，是地下空间法规、政策、规范性文件以及管理体制等普及的主阵地，地方媒体对地下空间法治传播引导发挥了重要作用。

2020 年可获得的资讯中，共 161 篇地下空间灾害与事故相关的资讯新闻，其中地方媒体占 75.8%，中央媒体占 24.2%，向公众及时公开公布灾害与事故的成因与影响，对地下空间灾后、事故后的处理以及预防意义重大。

7.4.4 地下交通、地下市政是媒体关注的地下空间主要功能设施

中央与地方媒体、商业媒体对地下交通如轨道交通、地下市政如综合管廊和地下管

线关注均较多，轨道交通资讯占总数的 35.4%，综合管廊占总数的 9.2%。

不同媒体对地下空间主要功能设施的关注点存在差异，以轨道交通为例，中央与地方媒体关注轨道交通的投资、建设、运营等，商业媒体关注轨道交通带来的价值及其对居民生活的影响等，如图 7.28 所示。

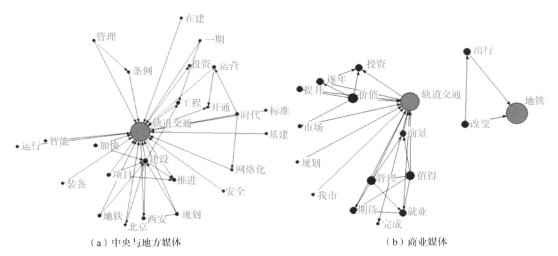

（a）中央与地方媒体　　　　　　　　（b）商业媒体

图 7.28　2020 年中央与地方媒体、商业媒体轨道交通资讯高频词网络

第 8 章

地下空间灾害与事故

8.1 总 体 概 况

根据 2020 年中央媒体、部委网站、公开出版物、中央重点新闻网站以及地方重点报网（数据统计标准详见附录 D）等报道的数据整理，2020 年地下空间灾害与事故共 229 起，较 2019 年有所回落。灾害与事故造成的死亡人数共计 111 人，受伤人数共计 93 人。

回顾"十三五"期间数据统计结果，每年的地下空间灾害与事故发生频次总体呈上升趋势，从 2016 年的 180 起增长至 2020 年的 229 起；灾害与事故死亡人数自 2016 年连续四年上升，2020 年死亡人数回落至 111 人。受伤人数除 2019 年外，其余四年均保持在 100 人以下。

"十三五"期间，地下空间灾害与事故发生频次、死亡人数以及受伤人数的峰值均出现在 2019 年，如图 8.1 所示。

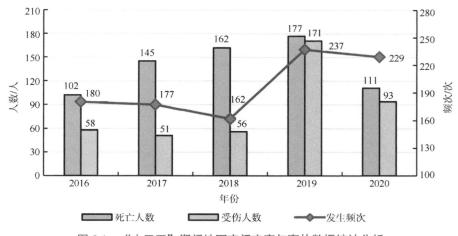

图 8.1 "十三五"期间地下空间灾害与事故数据统计分析

8.2   发生区域分布情况

8.2.1   省级行政区划

从地下空间灾害与事故的发生区域分布来看,2020 年全国共有 30 个省级行政区 102 个城市发生地下空间灾害与事故,其中安徽、浙江、湖北、山东、广西、广东等地发生频次较高,全年地下空间灾害与事故发生频次大于或等于 15 起,如图 8.2 所示。

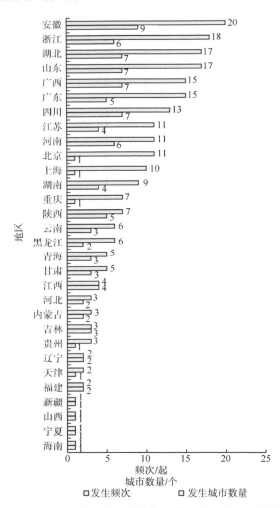

图 8.2   2020 年地下空间灾害与事故各省区市发生数量分析图
资料来源:根据中央媒体、部委网站、公开出版物、中央重点新闻网站以及地方重点报网自绘

"十三五"期间,地下空间灾害与事故发生省份中,广东省发生频次连续五年上榜,江苏省与山东省则有四年上榜,其次是浙江省与北京市(表 8.1)。地下空间灾害与事故发生频次与全国省级区划单位的地区生产总值总量排名相吻合,经济发达地区的发生率较高,如图 8.3 所示。

表 8.1　"十三五"期间各省区市地下空间灾害与事故统计排名

年份	排名				
	第一位	第二位	第三位	第四位	第五位
2016	江苏	广东	北京	浙江	山东
2017	江苏	广东	山东	北京	福建
2018	广东	江苏	四川	安徽	山东
2019	广东	河南	北京	江苏	浙江
2020	安徽	浙江	湖北、山东	—	广东、广西

资料来源：2016—2020 年中央媒体、部委网站、公开出版物、中央重点新闻网站以及地方重点报网

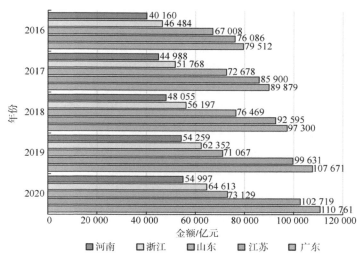

图 8.3　"十三五"期间各省区市地区生产总值排名 TOP5

资料来源：2020 年各省区市统计年鉴

8.2.2　城市

2020 年发生地下空间灾害与事故的城市数量较 2019 年略有下降，从 113 个减少至 102 个，如图 8.4 所示。

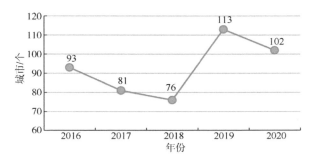

图 8.4　2016—2020 年城市地下空间发生灾害与事故的城市数量变化

资料来源：根据中央媒体、部委网站、公开出版物、中央重点新闻网站以及地方重点报网自绘

2020 年地下空间灾害与事故发生频次最高的城市依次为北京、杭州、上海、广州、合肥，如图 8.5 和图 8.6 所示。

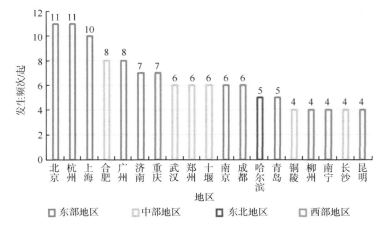

图 8.5　2020 年中国城市地下空间灾害与事故发生数量（发生 4 次及以上）排行分析图

资料来源：根据中央媒体、部委网站、公开出版物、中央重点新闻网站以及地方重点报网自绘

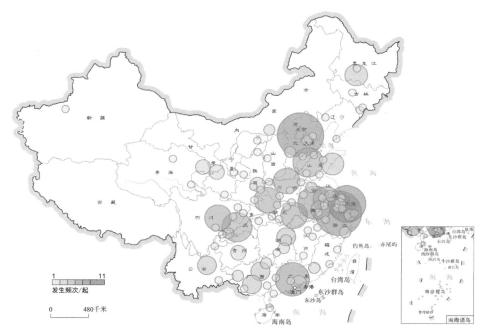

图 8.6　2020 年中国城市地下空间灾害与事故各城市发生次数分析图

资料来源：根据中央媒体、部委网站、公开出版物、中央重点新闻网站以及地方重点报网自绘

城市地下空间灾害与事故的发生频次与其地下空间开发建设水平正相关。频发地区的经济水平相对较好，地下空间开发利用相对发达，以东部城市以及中部、西部的特大、超大城市为主。此类城市未来更需增强安全意识，加强安全教育，建立健全预警机制，加强应急措施。

8.3　主要类型及伤亡分析

8.3.1　主要类型

地下空间灾害与事故类型主要分为施工事故、地质灾害、火灾、水灾、中毒窒息事故以及其他事故（交通事故、爆炸事故等）。

2020 年地下空间灾害与事故各类型中发生最多的仍然是施工事故，共计 67 起，占总数量的 29%，较 2019 年的 102 起下降较多。

2020 年由地质原因直接或间接引发的地下空间灾害共计 52 起，占总数量的 23%，多由连续强降雨导致的地面坍塌、管道破裂、山体滑坡等引发。

2020 年由强降水、洪涝等自然原因直接或间接引发的地下空间灾害共计 40 起，占总数量的 17%，多由连续强降雨导致的地下车库、地下室积水或市政管线破裂漏水等引发。

2020 年由火灾直接或间接引发的地下空间灾害共计 39 起，占所有灾害与事故数量的比例达 17%，多发生在地下车库与地下室内。

2020 年由人为因素在地下空间内引发的中毒窒息事故共计 23 起，占所有地下空间灾害与事故总数量的 10%，多发生在狭窄的有限空间如市政管道内，由于操作人员的安全意识淡薄而引发伤亡事件。

2020 年在地下空间内发生的除上述类型外的其他类型灾害事故共计 8 起，发生次数较少，且均为意外事故，故统一划归为其他事故类型。例如，地铁站屏蔽门爆裂、路人误闯防空地下室被锁、地下车库发生交通事故等。2020 年地下空间灾害与事故数量和类型分析图如图 8.7 所示。

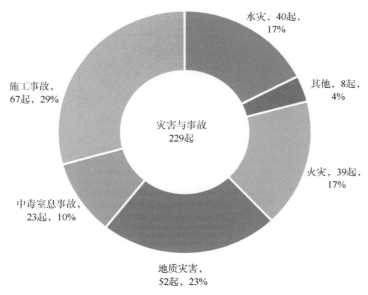

图 8.7　2020 年地下空间灾害与事故数量和类型分析图

资料来源：根据中央媒体、部委网站、公开出版物、中央重点新闻网站以及地方重点报网自绘

8.3.2 伤亡分析

1. 人员伤亡情况大幅下降

2020 年地下空间灾害与事故中死亡人数共计 111 人，受伤人数共计 93 人，较 2019 年伤亡人数有大幅下降。

地下空间灾害与事故发生频次和伤亡人数基本成正比。青海与天津由于发生了地下空间重大和较大灾害与事故，导致伤亡人数较多：2020 年 1 月 13 日青海西宁发生公交站台路面塌陷事故，共造成 10 人死亡，17 人受伤；2020 年 11 月 1 日天津发生铁路桥梁坍塌事故，共造成 7 人死亡，5 人受伤。2020 年各省区市地下空间灾害与事故的伤亡情况对比如图 8.8 所示。

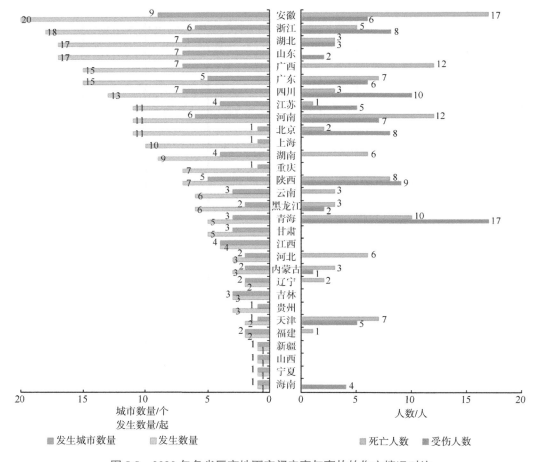

图 8.8   2020 年各省区市地下空间灾害与事故的伤亡情况对比

资料来源：根据中央媒体、部委网站、公开出版物、中央重点新闻网站以及地方重点报网自绘

宁夏、山西、新疆、贵州、吉林、江西、甘肃、重庆以及上海虽有地下空间灾害与事故发生，但报道中未见人员伤亡数据，如图 8.9 所示。

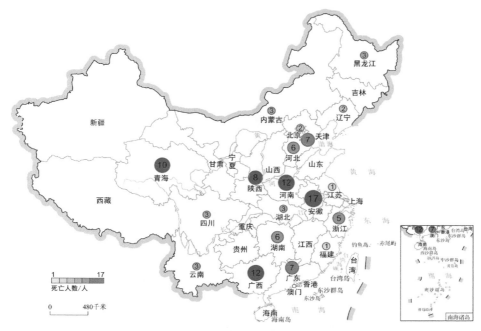

图 8.9　2020 年地下空间灾害与事故区域死亡情况统计

资料来源：根据中央媒体、部委网站、公开出版物、中央重点新闻网站以及地方重点报网自绘

2. 施工事故造成的伤亡人数显著下降，安全生产效果显著

结合灾害与事故类型分析，2020 年地下空间灾害与事故中伤亡人数最多的类型仍是施工事故，共造成 48 人死亡，41 人受伤（图 8.10）。施工事故多为施工不当引起工程塌方，从而造成人员伤亡。

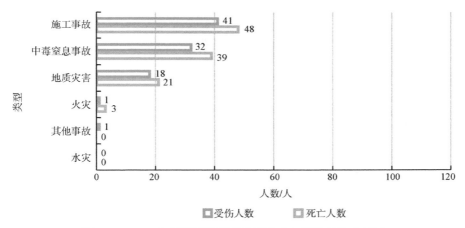

图 8.10　2020 年不同类型地下空间灾害与事故的伤亡情况

资料来源：根据中央媒体、部委网站、公开出版物、中央重点新闻网站以及地方重点报网自绘

"十三五"期间，全国每年新增地下空间规模较平稳，起伏不大，但 2020 年地下空间灾害与事故造成的伤亡人数下降至前四年平均值以下（图 8.11），主要是由于地下空间

施工事故与其造成的伤亡人数在"十三五"期末大幅减少，反映出地下空间施工安全管理水平有所提高。究其原因，主要为以下三点。

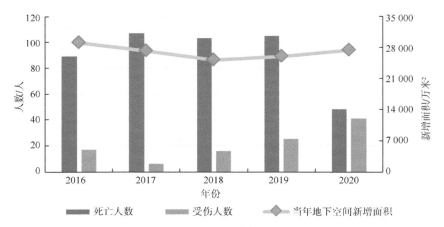

图 8.11   "十三五"期间地下空间施工事故人员伤亡与地下空间新增面积对比

资料来源：根据中央媒体、部委网站、公开出版物、中央重点新闻网站以及地方重点报网自绘

首先，2019 年 4 月 1 日施行的《生产安全事故应急条例》，明确了安全生产的管理部门，自上而下的逐级落实使轨道交通安全教育及其实施效果在 2020 年初见成效；其次，"十三五"期间，针对大规模建设轨道交通引发的施工事故，各地方政府陆续出台了轨道交通安全运行方面的相关政策，规范了轨道交通施工行为及运维工作，大幅降低了轨道交通方面的事故频次；最后，新冠疫情暴发以来，2020 年在地下空间新增规模同比接近的情况下（详见第 1 章），为了防止公共安全事故发生，施工作业普遍加强了安全防范措施，规范了地下空间施工作业流程，在一定程度上降低了施工事故频次。

3. 中毒窒息事故的伤亡人数居高不下，加强正确施救宣教

2020 年地下空间中毒窒息事故共造成 39 人死亡，32 人受伤，事故影响较往年进一步扩大（图 8.12）。

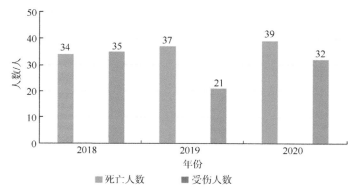

图 8.12   2018—2020 年中国城市地下空间中毒窒息事故人员伤亡统计分析

资料来源：根据中央媒体、部委网站、公开出版物、中央重点新闻网站以及地方重点报网自绘

此类事故多发生在下水管道、检查井、窨井、化粪池、泵房集水池等狭小地下空间内，由于积存污水、污物、自然通风不畅等问题，地下空间内易造成有毒气体集聚。在该空间内作业，将危及作业人员生命安全。

地下空间中毒窒息事故的伤亡人员中，不乏参与现场救援的人员，因缺乏必要的救援知识，未采取有效的安全防范措施，盲目施救导致事故影响进一步扩大。针对此类事故频发且伤亡人数居高不下的问题，各城市应当制定完善的安全管理制度与有限空间作业生产安全事故专项应急预案，并加强对施工人员安全作业、救援人员正确施救的宣教。

4. 地质灾害引发重大伤亡，需形成预防与灾后快速恢复机制

2020 年地下空间地质灾害共发生 52 起，造成 21 人死亡，18 人受伤，较 2019 年 25 人死亡，50 人受伤的人员伤亡总数有所下降。

2020 年全年影响最大的地下空间灾害与事故，即 1 月 13 日青海西宁公交站台路面塌陷事故，共造成 10 人死亡，17 人受伤。据官方公布的调查结果，事故成因之一为事发地段地质结构在大气降水、径流侧向补给水、供排水管网漏水的长期作用下发生变化，逐步发育形成陷穴；另一成因则是该路段存在不同时间同一位置反复开挖施工的现象，缺少科学研判和监测预警。综观全国，"十二五"以来，此类由城市排水不畅、道路反复开挖造成的地下空间灾害与事故层出不穷。

近年来，全球气候变化引发的极端气候如暴雨、连续强降雨越来越频繁，城市内涝、地下空间被淹发生频率急剧增加。目前我国大部分城市面临地下水文地质资源数据不完整、地下深层调蓄空间不足、排水设施建设落后、地下空间治涝措施薄弱、应急响应和管理能力不强等问题，亟待加强地下空间统筹与综合治理，完善预防与灾后快速恢复机制，切实提高城市洪涝灾害综合防治能力。

8.4　季节性特征分析

2020 年夏季仍为城市地下空间灾害与事故多发期，共发生 93 起；秋季紧随其后，共发生 56 起；冬季灾害与事故发生相对较少。

由火灾引发的地下空间事故，无明显季节性差别；地质灾害与水灾事故则多发生在夏季；施工事故多发生在秋季；中毒窒息事故多发生在春季、夏季，如图 8.13 所示。

2020 年城市地下空间灾害与事故高频次发生月份为 6 月，共发生 33 起。当月地下空间灾害与事故发生频次最少月份为 2 月，共发生 3 起。

施工事故全年各月份均有发生，4 月、5 月、9 月、11 月、12 月都在 5 次以上；1 月施工事故发生的频次最少，如图 8.14 所示。

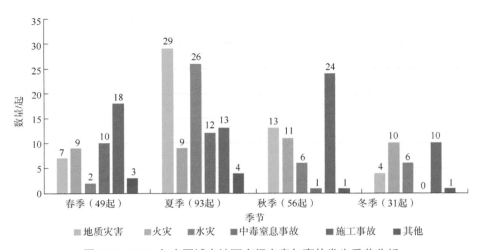

图 8.13   2020 年中国城市地下空间灾害与事故发生季节分析

本次统计将 3—5 月划分为春季，6—8 月划分为夏季，9—11 月划分为秋季，12—2 月划分为冬季

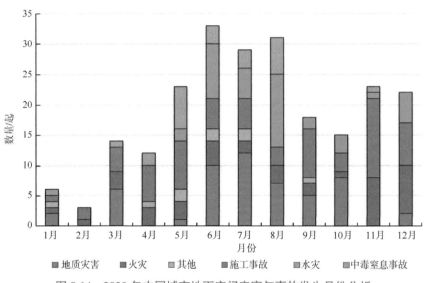

图 8.14   2020 年中国城市地下空间灾害与事故发生月份分析

8.5   事故高发场所分析

2020 年地下空间灾害与事故主要发生场所依次为市政管道、道路、地下车库、地下室、轨道交通、地下商场、建筑工地等。

与往年相比，2020 年市政管道仍是地下空间灾害与事故的高发场所，占比为 31%（图 8.15）。发生市政管道损坏的主要原因是第三方破坏（轨道交通、道路施工等），这极易导致城市局部地区的停水、停电、停气、停热等问题，甚至因违规施工造成燃气泄漏，引发火灾或爆炸等事故，严重影响居民正常生活和社会稳定。

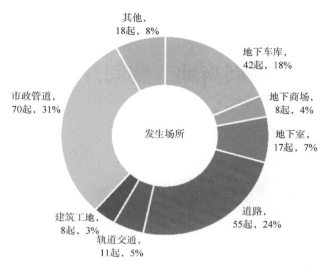

图 8.15　2020 年中国城市地下空间灾害与事故发生场所分析图

　　从不同类型地下空间灾害与事故的发生场所来看，地下车库、地下室多发生火灾；地下商场多发生水灾；道路多发生地质灾害；轨道交通、建筑工地、市政管道多发生施工事故，如图 8.16 所示。

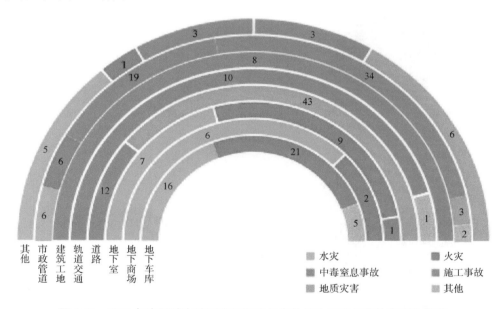

图 8.16　2020 年中国城市地下空间灾害与事故发生场所与事故类型分析图

附录 A　城市发展与地下空间开发建设综合评价

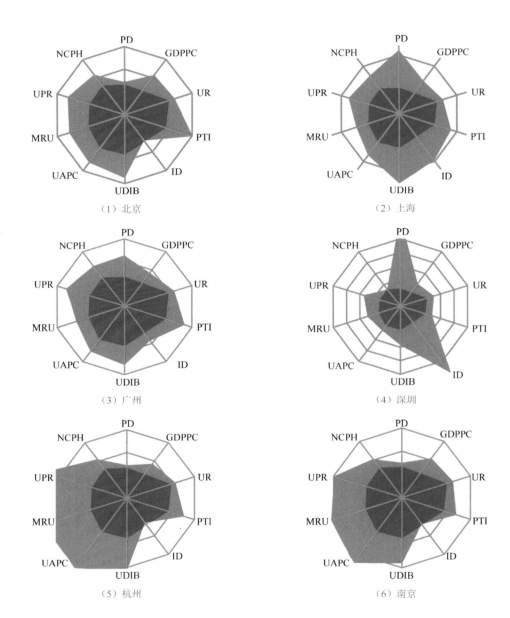

（1）北京　　（2）上海　　（3）广州　　（4）深圳　　（5）杭州　　（6）南京

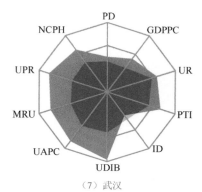

（7）武汉

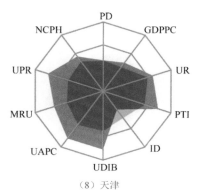

（8）天津

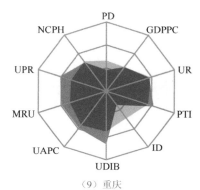

（9）重庆

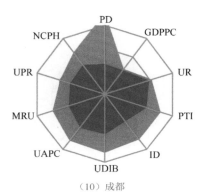

（10）成都

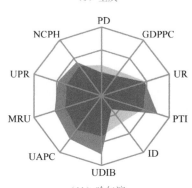

（11）哈尔滨

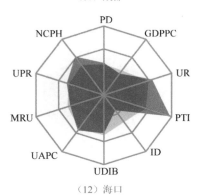

（12）海口

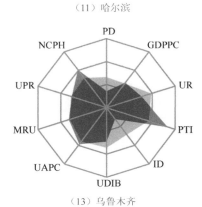

（13）乌鲁木齐

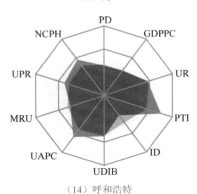

（14）呼和浩特

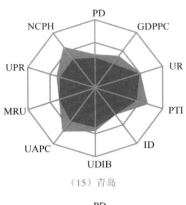

（15）青岛

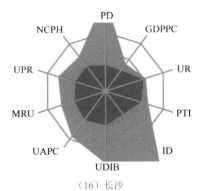

（16）长沙

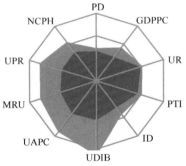

（17）宁波

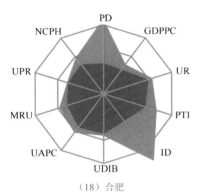

（18）合肥

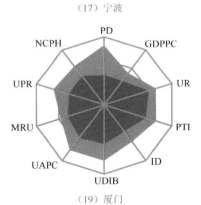

（19）厦门

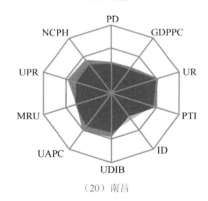

（20）南昌

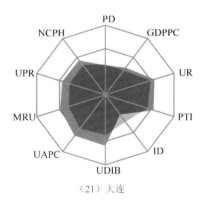

（21）大连

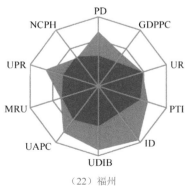

（22）福州

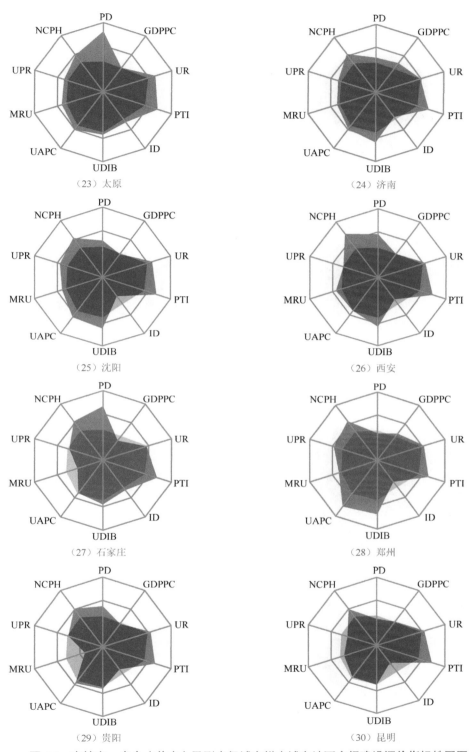

图 A1　直辖市、省会（首府）及副省级城市样本城市地下空间建设评价指标蛛网图

红色为 2020 年该城市指标，灰色为地级市（地区）及以上城市平均值

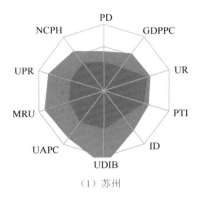

（1）苏州

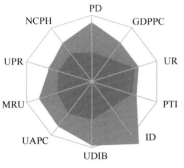

（2）无锡

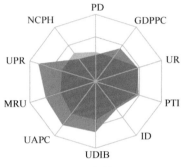

（3）扬州

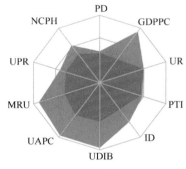

（4）江阴

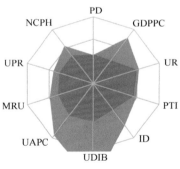

（5）昆山

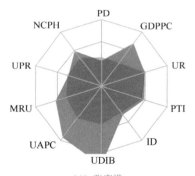

（6）张家港

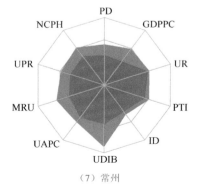

（7）常州

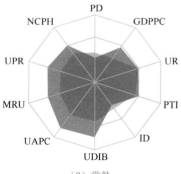

（8）常熟

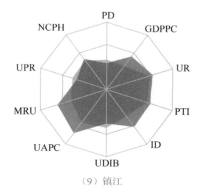

（9）镇江

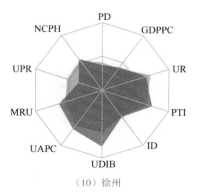

（10）徐州

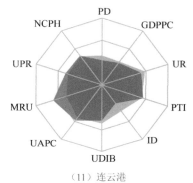

（11）连云港

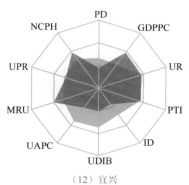

（12）宜兴

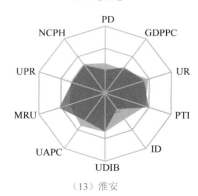

（13）淮安

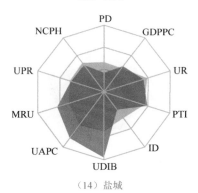

（14）盐城

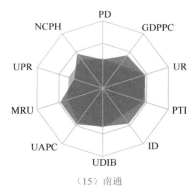

（15）南通

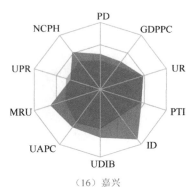

（16）嘉兴

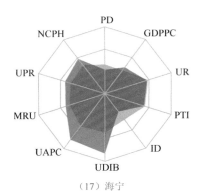

（17）海宁

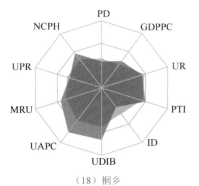

（18）桐乡

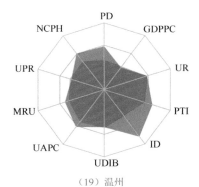

（19）温州

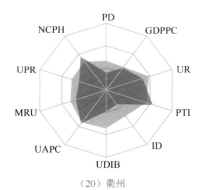

（20）衢州

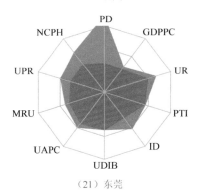

（21）东莞

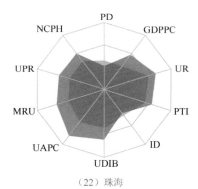

（22）珠海

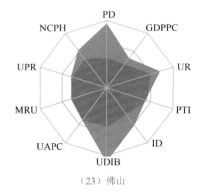

（23）佛山

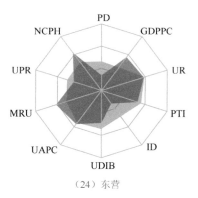

（24）东营

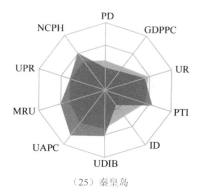

（25）秦皇岛

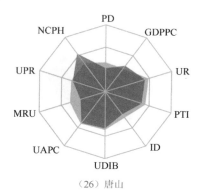

（26）唐山

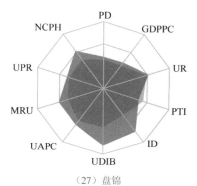

（27）盘锦

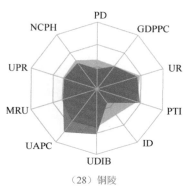

（28）铜陵

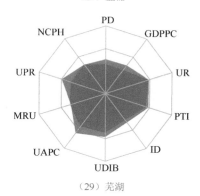

（29）芜湖

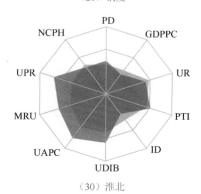

（30）淮北

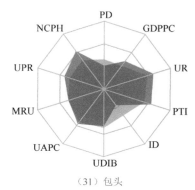

（31）包头

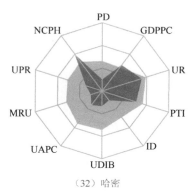

（32）哈密

（33）克拉玛依

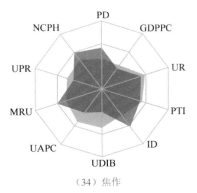

（34）焦作

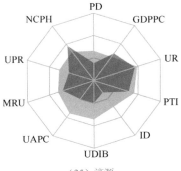

（35）济源

（36）洛阳

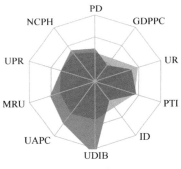

（37）邯郸

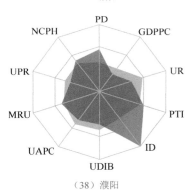

（38）濮阳

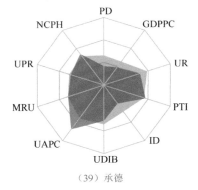

（39）承德

（40）驻马店

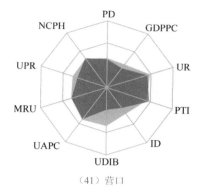

（41）营口

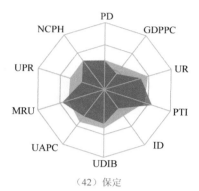

（42）保定

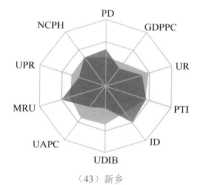

（43）新乡

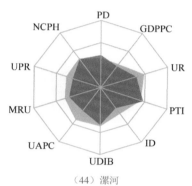

（44）漯河

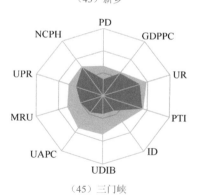

（45）三门峡

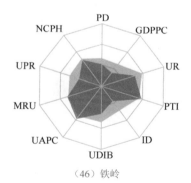

（46）铁岭

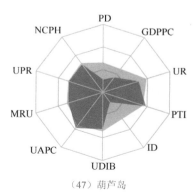

（47）葫芦岛

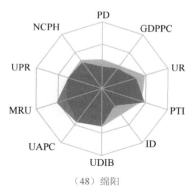

（48）绵阳

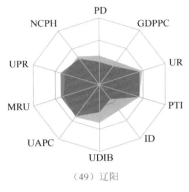

（49）辽阳

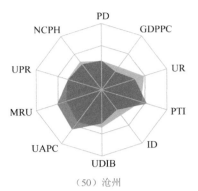

（50）沧州

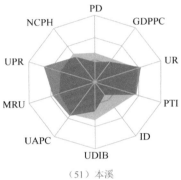

（51）本溪

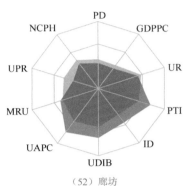

（52）廊坊

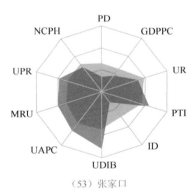

（53）张家口

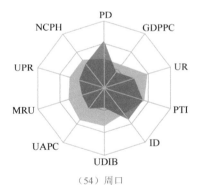

（54）周口

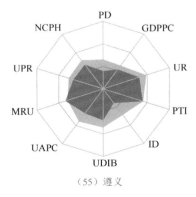

（55）遵义

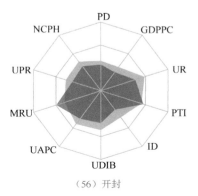

（56）开封

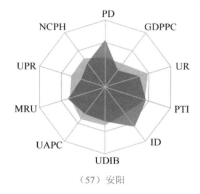

（57）安阳

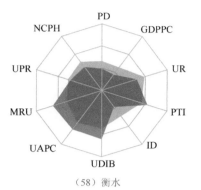

（58）衡水

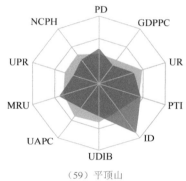

（59）平顶山

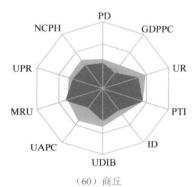

（60）商丘

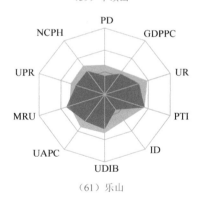

（61）乐山

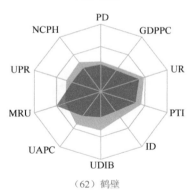

（62）鹤壁

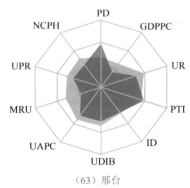

（63）邢台

（64）淮南

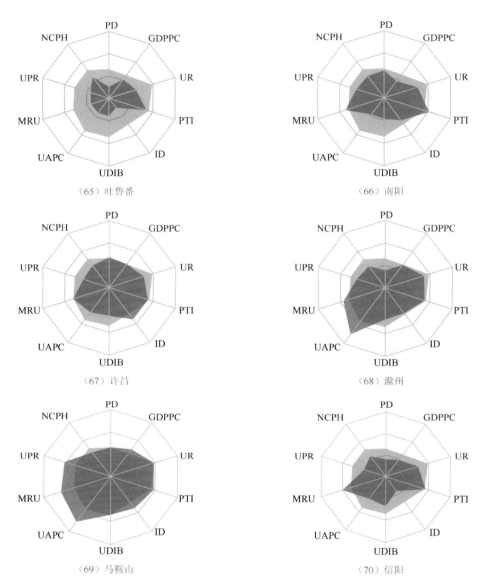

（65）吐鲁番

（66）南阳

（67）许昌

（68）滁州

（69）马鞍山

（70）信阳

图 A2　地（县）级市样本城市地下空间建设评价指标蛛网图

红色为当前城市指标，灰色为地级市（地区）及以上城市平均值

附录 B 国内部分城市轨道交通站点地下连通情况

地区	城市	线路连通情况					该城市轨道交通站点地下平均连通率
		运营线路	运营站点数/个	有地下连通的站点		该线路平均连通率	
				数量/个	数量占比		
东部地区	北京	1 号线	22	7	31.8%	20.9%	17.9%
		2 号线	18	1	5.6%	25.0%	
		4 号线	24	1	4.2%	11.1%	
		5 号线	23	2	8.7%	9.8%	
		6 号线	35	3	8.6%	19.8%	
		7 号线	29	2	6.9%	17.5%	
		9 号线	13	1	7.7%	8.3%	
		10 号线	45	8	17.8%	17.7%	
		14 号线	28	3	10.7%	20.8%	
		大兴线	11	2	18.2%	14.6%	
	天津	1 号线	27	3	11.1%	14.1%	13.7%
		2 号线	20	2	10.0%	10.4%	
		3 号线	26	3	11.5%	10.6%	
		5 号线	28	1	3.6%	20.0%	
		6 号线	38	1	2.6%	14.3%	
		9 号线	21	1	4.8%	12.5%	
	上海	1 号线	28	6	21.4%	12.2%	15.2%
		2 号线	30	14	46.7%	18.0%	
		4 号线	26	2	7.7%	22.2%	
		7 号线	33	4	12.1%	29.5%	
		8 号线	30	8	26.7%	11.7%	
		9 号线	35	5	14.3%	12.7%	
		10 号线	37	7	18.9%	16.2%	
		11 号线	39	4	10.3%	12.9%	
		12 号线	32	3	9.4%	12.0%	
		13 号线	31	5	16.1%	12.7%	
	广州	1 号线	16	8	50%	15.4%	14.3%
		2 号线	24	5	20.8%	10.7%	
		3 号线	30	3	10.0%	21.7%	

地区	城市	线路连通情况					该城市轨道交通站点地下平均连通率
		运营线路	运营站点数/个	有地下连通的站点		该线路平均连通率	
				数量/个	数量占比		
东部地区	广州	4 号线	23	1	4.3%	12.5%	14.3%
		5 号线	24	3	12.5%	10.2%	
		6 号线	31	2	6.5%	10.0%	
		7 号线	9	1	11.1%	11.1%	
		8 号线	26	3	11.5%	11.6%	
		9 号线	11	1	9.1%	11.1%	
		21 号线	21	1	4.8%	20.0%	
		APM 线	9	2	22.2%	11.8%	
	深圳	1 号线	30	13	43.3%	20.4%	20.8%
		2 号线	29	4	13.8%	35.6%	
		3 号线	31	2	6.5%	12.7%	
		4 号线	23	2	8.7%	22.2%	
		5 号线	34	1	2.9%	10.0%	
		9 号线	32	1	3.1%	6.7%	
	南京	1 号线	27	7	25.9%	20.0%	17.9%
		2 号线	26	2	7.7%	11.4%	
		3 号线	29	2	6.9%	17.1%	
	佛山	1 号线	25	5	20.0%	10.0%	10.0%
	苏州	1 号线	24	6	25.0%	18.9%	17.3%
		2 号线	35	6	17.1%	14.7%	
		3 号线	37	2	5.4%	20.0%	
		4 号线	37	1	2.7%	18.2%	
	杭州	1 号线	33	11	33.3%	10.3%	16.9%
		2 号线	33	5	15.2%	14.8%	
		4 号线	18	5	27.8%	34.5%	
		5 号线	18	1	5.6%	11.1%	
	宁波	1 号线	29	2	6.9%	15.6%	11.2%
		2 号线	25	3	12.0%	8.3%	
	无锡	1 号线	27	9	33.3%	14.6%	12.9%
		2 号线	22	4	18.2%	8.9%	
	青岛	1 号线	15	1	6.7%	25.0%	12.5%
		2 号线	21	5	23.8%	12.6%	
		3 号线	22	2	9.1%	6.2%	

续表

地区	城市	线路连通情况					该城市轨道交通站点地下平均连通率
		运营线路	运营站点数/个	有地下连通的站点		该线路平均连通率	
				数量/个	数量占比		
东部地区	福州	1 号线	21	4	19.0%	14.1%	15.2%
		2 号线	22	2	9.1%	17.5%	
	东莞	1 号线	15	1	6.7%	14.3%	14.3%
	石家庄	1 号线	26	5	19.2%	18.1%	17.4%
		2 号线	15	1	6.7%	14.3%	
	厦门	1 号线	24	1	4.2%	12.5%	20.5%
		2 号线	32	1	3.1%	28.6%	
	济南	1 号线	11	1	9.1%	14.3%	12.1%
		3 号线	12	1	8.3%	10.0%	
	常州	1 号线	29	3	10.3%	10.2%	10.2%
	徐州	2 号线	20	2	10.0%	12.9%	12.9%
中部地区	武汉	2 号线	38	8	21.1%	21.8%	18.0%
		3 号线	24	3	12.5%	9.7%	
		4 号线	37	3	8.1%	19.9%	
		6 号线	27	1	3.7%	7.1%	
	郑州	1 号线	30	4	13.3%	13.7%	14.6%
		2 号线	22	2	9.1%	15.5%	
		3 号线	23	1	4.3%	16.7%	
	长沙	1 号线	20	2	10.0%	8.6%	13.8%
		2 号线	23	2	8.7%	18.8%	
		5 号线	18	1	5.6%	14.3%	
	南昌	1 号线	24	4	16.7%	15.7%	15.4%
		2 号线	28	4	14.3%	15.0%	
	合肥	1 号线	23	6	26.1%	16.7%	16.9%
		2 号线	24	3	12.5%	18.3%	
		3 号线	33	1	3.0%	14.3%	
西部地区	成都	1 号线	35	5	14.3%	12.8%	12.4%
		2 号线	32	4	12.5%	14.2%	
		3 号线	37	1	2.7%	14.3%	
		4 号线	30	1	3.3%	25.0%	
		5 号线	41	3	7.3%	9.4%	
		6 号线	56	1	1.8%	6.7%	
		7 号线	31	2	6.5%	8.1%	

续表

地区	城市	线路连通情况					该城市轨道交通站点地下平均连通率
		运营线路	运营站点数/个	有地下连通的站点		该线路平均连通率	
				数量/个	数量占比		
西部地区	重庆	1 号线	25	3	12.0%	12.5%	13.1%
		2 号线	25	1	4.0%	4.8%	
		3 号线	45	4	8.9%	8.8%	
		4 号线	8	1	12.5%	14.3%	
		5 号线	33	1	3.0%	25.0%	
		6 号线	28	2	7.1%	20.2%	
	西安	1 号线	23	2	8.7%	18.3%	19.0%
		2 号线	21	9	42.9%	19.7%	
		3 号线	26	2	7.7%	22.5%	
		4 号线	29	3	10.3%	17.6%	
		5 号线	34	1	2.9%	11.1%	
	昆明	2 号线	13	4	30.8%	5.7%	7.4%
		4 号线	29	1	3.4%	14.3%	
	南宁	1 号线	25	3	12.0%	11.5%	11.5%
	贵阳	1 号线	25	1	4.0%	20.0%	20.0%
	兰州	1 号线	20	2	10.0%	18.3%	18.3%
东北地区	长春	1 号线	15	2	13.3%	13.8%	13.4%
		2 号线	18	1	5.6%	12.5%	
	沈阳	1 号线	22	8	36.4%	10.1%	9.3%
		2 号线	26	4	15.4%	7.8%	
	大连	1 号线	22	4	18.2%	7.4%	8.1%
		2 号线	21	3	14.3%	9.1%	
	哈尔滨	1 号线	23	3	13.0%	11.0%	12.4%
		3 号线	4	1	25.0%	16.7%	

附录 C 2020 年轨道交通站点连通样本展示

选取北京、上海、广州、深圳等连通水平相对较高城市的部分轨道交通站点展示，如图 C1~图 C10 所示。

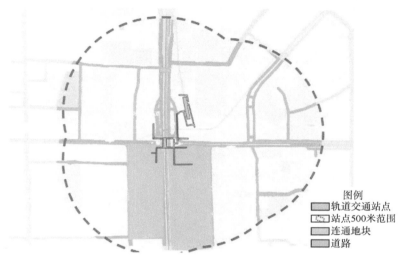

图例
- 轨道交通站点
- 站点500米范围
- 连通地块
- 道路

（a）北京东直门站站点 500 米范围连通地块

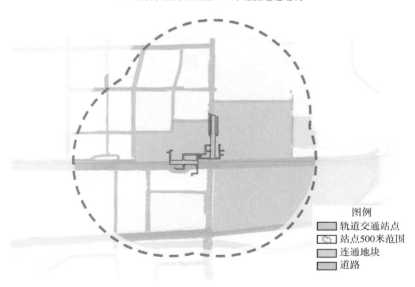

图例
- 轨道交通站点
- 站点500米范围
- 连通地块
- 道路

（b）北京大望路站站点 500 米范围连通地块

图 C1　北京

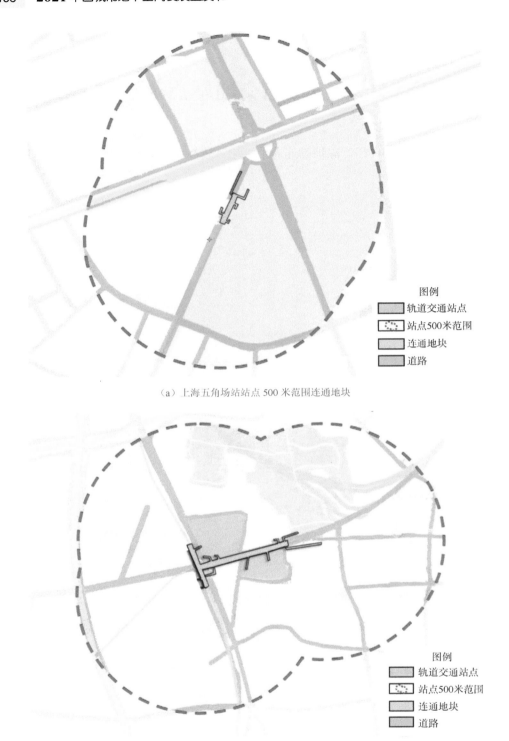

图例

▢ 轨道交通站点
▢ 站点500米范围
▢ 连通地块
▢ 道路

（a）上海五角场站站点 500 米范围连通地块

图例

▢ 轨道交通站点
▢ 站点500米范围
▢ 连通地块
▢ 道路

（b）上海中山公园站站点 500 米范围连通地块

图 C2　上海

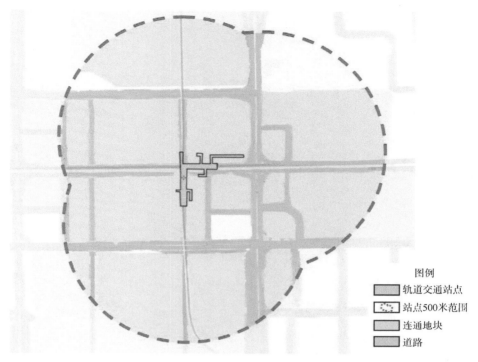

（a）深圳会展中心站站点 500 米范围连通地块

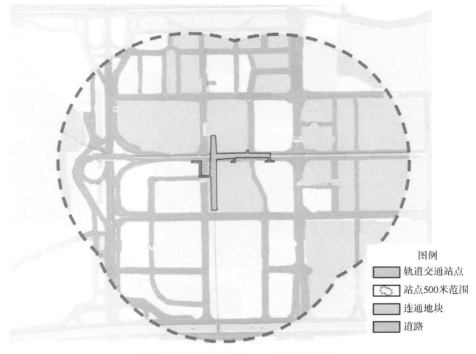

（b）深圳购物公园站站点 500 米范围连通地块

图 C3　深圳

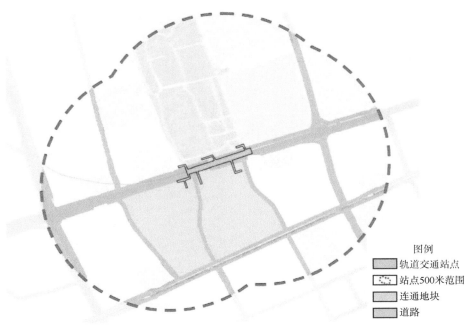

图例
轨道交通站点
站点500米范围
连通地块
道路

（a）武汉中山公园站站点 500 米范围连通地块

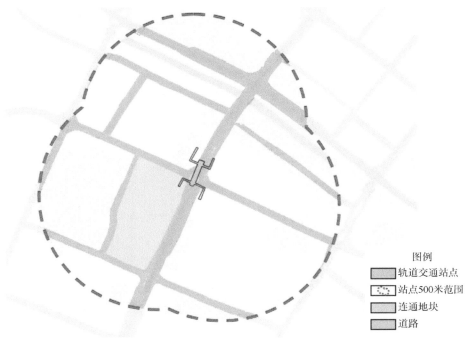

图例
轨道交通站点
站点500米范围
连通地块
道路

（b）武汉楚河汉街站站点 500 米范围连通地块

图 C4　武汉

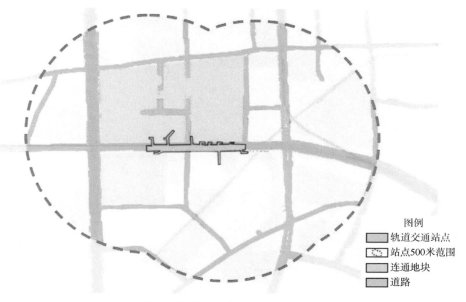

图例
- 轨道交通站点
- 站点500米范围
- 连通地块
- 道路

（a）杭州庆春广场站站点 500 米范围连通地块

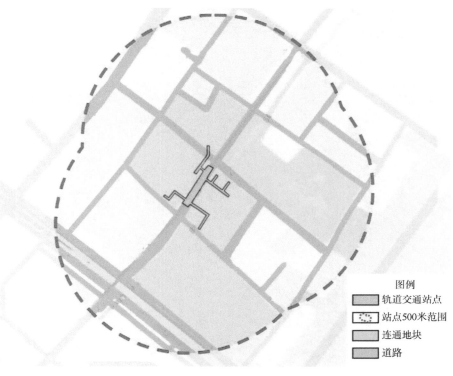

图例
- 轨道交通站点
- 站点500米范围
- 连通地块
- 道路

（b）杭州城星路站站点 500 米范围连通地块

图 C5 杭州

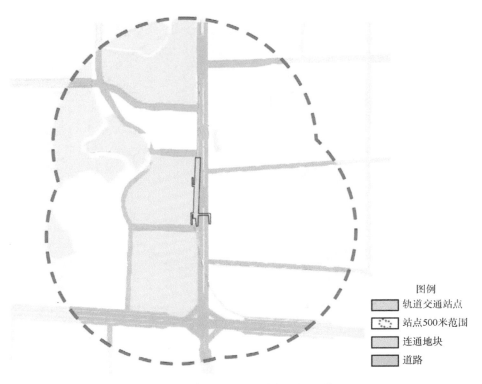

图例
- 轨道交通站点
- 站点500米范围
- 连通地块
- 道路

（a）南京百家湖站站点 500 米范围连通地块

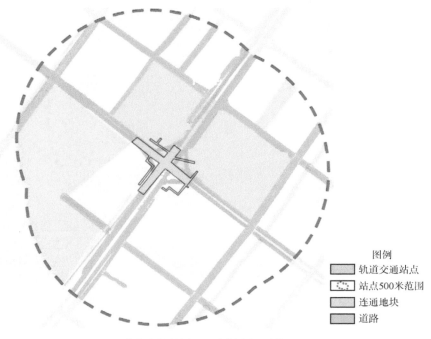

图例
- 轨道交通站点
- 站点500米范围
- 连通地块
- 道路

（b）南京元通站站点 500 米范围连通地块

图 C6　南京

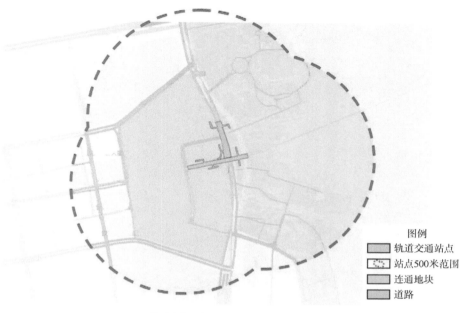

图例
▨ 轨道交通站点
▨ 站点500米范围
▨ 连通地块
▨ 道路

（a）苏州东方之门站站点 500 米范围连通地块

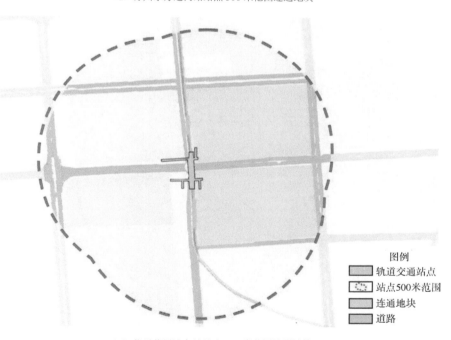

图例
▨ 轨道交通站点
▨ 站点500米范围
▨ 连通地块
▨ 道路

（b）苏州苏州湾东站站点 500 米范围连通地块

图 C7　苏州

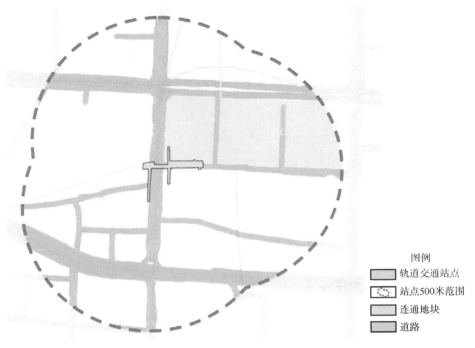

图例
▨ 轨道交通站点
▨ 站点500米范围
▨ 连通地块
▨ 道路

（a）广州体育西路站站点 500 米范围连通地块

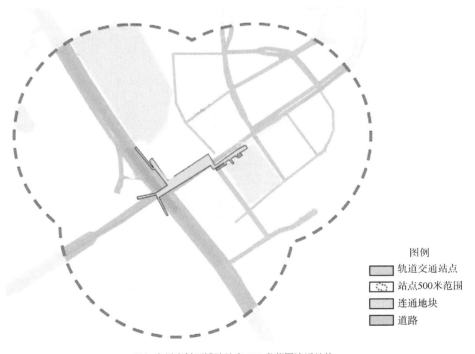

图例
▨ 轨道交通站点
▨ 站点500米范围
▨ 连通地块
▨ 道路

（b）广州南村万博站站点 500 米范围连通地块

图 C8　广州

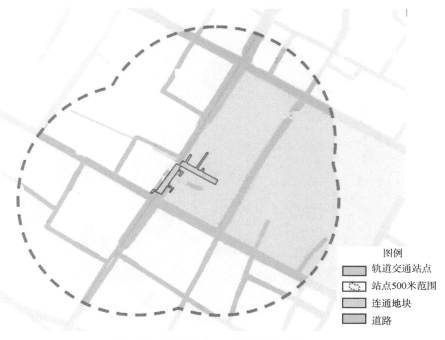

图例
　轨道交通站点
　站点500米范围
　连通地块
　道路

（a）成都春熙路站站点 500 米范围连通地块

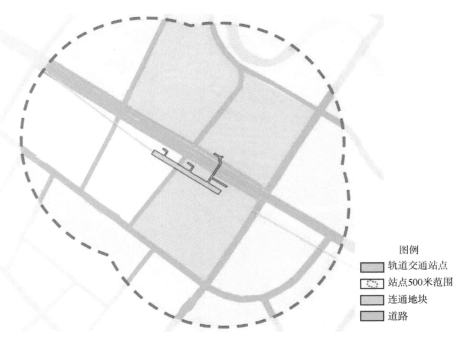

图例
　轨道交通站点
　站点500米范围
　连通地块
　道路

（b）成都光华公园站站点 500 米范围连通地块

图 C9　成都

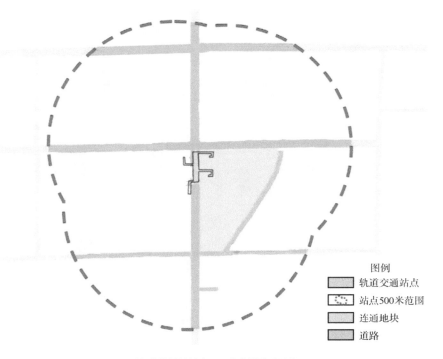

图例
- 轨道交通站点
- 站点500米范围
- 连通地块
- 道路

（a）西安龙首原站站点 500 米范围连通地块

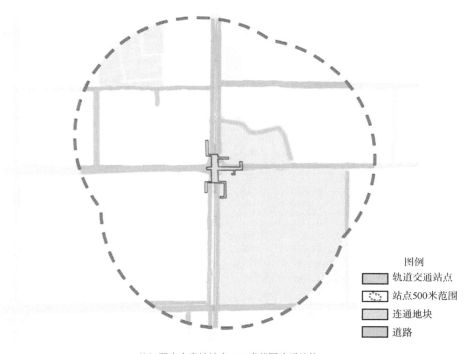

图例
- 轨道交通站点
- 站点500米范围
- 连通地块
- 道路

（b）西安小寨站站点 500 米范围连通地块

图 C10 西安

附录 D 2020 年地下空间灾害与事故统计

2020 年城市地下空间灾害与事故数据统计来源如下。

（1）中央媒体、部委网站，刊物。

（2）16 家中央重点新闻网站：人民网、新华网、中国网、国际在线、中国日报网、央视网、中国青年网、中国经济网、中国台湾网、中国西藏网、央广网、光明网、中国军网、中国新闻网、人民政协网、法治网。

（3）地方政府网站、新闻网站、党报以及晚报、都市报等，具体地方重点报网名录详见中国经济网（http://district.ce.cn/zt/friend-link/ index.shtml）。

时间	类型	起因	死亡人数/人	受伤人数/人	发生场所	所在城市		信息来源
1 月 8 日	水灾	地下水管自然损坏漏水	0	0	市政管道	山东济南	齐鲁晚报	https://baijiahao.baidu.com/s?id=1655210447516153874&wfr=spider&for=pc
1 月 9 日	火灾	地下车库电动车起火	0	0	地下车库	广西柳州	广西新闻网	http://www.gxnews.com.cn/staticpages/20200110/newgx5e17b5e0-19172621.shtml
1 月 13 日	地质灾害	湿陷性黄土致路面塌陷	10	17	道路	青海西宁	央广网	https://baijiahao.baidu.com/s?id=1671700660601269174&wfr=spider&for=pc
1 月 13 日	施工事故	施工挖断管道致气体泄漏	0	0	市政管道	山东济南	齐鲁晚报	https://baijiahao.baidu.com/s?id=1655614667087444850&wfr=spider&for=pc
1 月 19 日	其他	地下车库连续发生车祸	0	0	地下车库	内蒙古呼和浩特	都市全接触	https://www.sohu.com/a/367992173_234670
1 月 20 日	地质灾害	路面突发不规则破损沉降	0	0	道路	福建厦门	东南网	http://xm.fjsen.com/2020-01/23/content_30143250.htm
2 月 17 日	施工事故	矿道发生顶板冒落事故	1	0	矿山	陕西商洛	陕西省应急管理厅	http://yjt.shaanxi.gov.cn/c/2020-03-09/523765.shtml
2 月 26 日	火灾	天然气管泄漏起火	0	0	市政管道	四川达州	新京报	http://www.bjnews.com.cn/wevideo/2020/02/26/695606.html
2 月 27 日	施工事故	排水管沟施工时发生坍塌	1	0	建筑工地	湖南衡阳	衡阳市人民政府	https://www.hengyang.gov.cn/yjj/xxgk/aqsc/sgdc/20201117/i2209036.html

续表

时间	类型	起因	死亡人数/人	受伤人数/人	发生场所	所在城市		信息来源
3月7日	地质灾害	污水管网年久老化致管道路坍塌	0	0	道路	湖南长沙	人民网	http://hn.people.com.cn/n2/2020/0310/c356883-33864761.html
3月11日	地质灾害	地质松散引发路面沉陷	0	0	道路	广西南宁	广西新闻网	http://news.gxnews.com.cn/staticpages/20200312/newgx5e6981a8-19350331.shtml
3月12日	火灾	地下商业突发火灾	0	0	地下商场	上海	新民网	http://newsxmwb.xinmin.cn/shanghaitan/2020/03/12/31684769.html
3月13日	施工事故	工地地下室发生事故	1	2	建筑工地	安徽合肥	中国网	http://finance.china.com.cn/news/20201127/5441255.shtml
3月14日	施工事故	地铁工程安全事故	0	4	轨道交通	江苏南通	人民网	http://baijiahao.baidu.com/s?id=1661132495438283840&wf=spider&for=pc
3月16日	火灾	地下商场起火	0	0	地下商场	吉林白山	中国吉林网	http://news.cnjiwang.com/jwyc/202003/3086488.html
3月18日	火灾	地下室着火	0	0	地下室	新疆阿克苏	环球网	https://3w.huanqiu.com/a/a4d1ef/9CaKrnKpZNo
3月21日	施工事故	施工回填不实致居民楼地基下沉	0	0	道路	甘肃兰州	中华网	https://news.china.cn/socialgd/10000169/20200323/37959145.html
3月23日	施工事故	管线施工发生爆裂事故	2	4	市政管道	陕西榆林	新京报	https://baijiahao.baidu.com/s?id=1662118777248617719&wf=spider&for=pc
3月26日	地质灾害	突发路面塌陷事故	0	0	道路	河南商丘	映象网	https://baijiahao.baidu.com/s?id=1662279672722202724&wf=spider&for=pc
3月26日	地质灾害	村庄地下水反冒	0	0	村庄	广西崇左	中国新闻网	https://www.chinanews.com.cn/sh/2020/04-22/9164086.shtml
3月31日	中毒窒息事故	有限空间作业致人昏迷	0	4	市政管道	海南海口	光明网	https://m.gmw.cn/baijia/2020-04-01/1301109008.html
3月31日	地质灾害	突发路面塌陷	0	0	道路	广东广州	新京报	https://baijiahao.baidu.com/s?id=1662645104450782307&wf=spider&for=pc
3月31日	地质灾害	雨水冲刷所致路面塌陷	0	0	道路	广东广州	南方网	https://news.southcn.com/node_54a44f01a2/70a4424c8a.shtml
4月1日	火灾	地下车库起火	0	0	地下车库	安徽马鞍山	马鞍山消防	https://baijiahao.baidu.com/s?id=1662922005104774434342
4月4日	火灾	地下室起火	0	0	地下室	上海	新民网	http://newsxmwb.xinmin.cn/shanghaitan/2020/04/05/31703087.html
4月6日	施工事故	地铁工地工人坠亡	1	0	轨道交通	江苏南京	人民网	http://js.people.com.cn/n2/2020/0416/c360303-33953635.html
4月12日	施工事故	施工路面坍塌	0	1	道路	江苏苏州	现代快报	http://app.myzaker.com/news/article.php?pk=5e99707932ce404f6c000036
4月13日	施工事故	施工发生墙体坍塌事故	3	2	建筑工地	陕西渭南	渭南市应急管理局	http://yjj.weinan.gov.cn/zwgk/zfwj/sgcc/720506.htm

续表

时间	类型	起因	死亡人数/人	受伤人数/人	发生场所	所在城市	信息来源	
4月23日	中毒窒息事故	污水沟清淤发生窒息事故	3	0	市政管道	湖北随州	固镇县人民政府	https://www.bengbu.gov.cn/public/29641/46141181.html
4月23日	施工事故	施工致燃气管道泄漏	0	0	市政管道	安徽黄山	凤凰网	http://ah.ifeng.com/a/20200424/14199324_0.shtml
4月25日	施工事故	施工铲破天然气管道	2	6	市政管道	四川成都	四川省应急管理厅	https://yjt.sc.gov.cn/scyjt/anquanyinhuanbaoguangtai/2020/5/17/8625353853530f4ba583f1cebe5dc3ae6c.shtml
4月26日	其他	路人误闯人防工程群锁	0	0	地下车库	江苏苏州	现代快报	https://www.163.com/dy/article/FB7VEC49053469KC.html
4月29日	中毒窒息事故	排空阀井内施工致作业人员中毒	0	4	市政管道	北京	北京日报	https://baijiahao.baidu.com/s?id=1688954132474675213&wfr=spider&for=pc
4月29日	施工事故	施工破坏电缆	0	0	市政管道	北京	北京日报	https://baijiahao.baidu.com/s?id=1688954132474675213&wfr=spider&for=pc
4月30日	火灾	煤气管道泄漏起火	3	1	市政管道	内蒙古鄂尔多斯	鄂尔多斯人民政府	http://www.ordos.gov.cn/ordoszf/202005/t20200508_2634877.html
5月1日	中毒窒息事故	污水管网施工发生窒息事故	3	0	市政管道	安徽芜湖	环球网	https://baijiahao.baidu.com/s?id=1695346709451996617&wfr=spider&for=pc
5月2日	施工事故	施工致环气管道	0	0	市政管道	四川成都	四川省应急管理厅	https://yjt.sc.gov.cn/scyjt/anquanyinhuanbaoguangtai/2020/5/17/8625353853530f4ba583f1cebe5dc3ae6c.shtml
5月4日	中毒窒息事故	污水管道作业引发中毒事故	1	1	市政管道	四川成都	四川省应急管理厅	https://yjt.sc.gov.cn/scyjt/anquanyinhuanbaoguangtai/2020/5/17/8625353853530f4ba583f1cebe5dc3ae6c.shtml
5月5日	火灾	地下车库着火	0	0	地下车库	辽宁大连	辽沈晚报	https://baijiahao.baidu.com/s?id=1666217653592709357&wfr=spider&for=pc
5月6日	中毒窒息事故	矿道发生中毒事故	2	0	矿山	安徽铜陵	安徽网	http://www.ahwang.cn/anhui/20200703/2106404.html
5月6日	施工事故	地铁施工挖断中压管线	0	0	轨道交通	吉林长春	中国吉林网	https://baijiahao.baidu.com/s?id=1665995315134353418&wfr=spider&for=pc
5月7日	施工事故	路面施工挖破天然气管道	0	0	道路	广西梧州	西江都市报	http://www.wzjl.cn/content/2020-05/08/content_339655.htm
5月8日	中毒窒息事故	窨井发生中毒意外事件	0	3	市政管道	四川宜宾	红星新闻	https://baijiahao.baidu.com/s?id=1666553171746187232&wfr=spider&for=pc
5月8日	施工事故	施工造成燃气管道损坏	0	0	市政管道	四川成都	四川省应急管理厅	https://yjt.sc.gov.cn/scyjt/anquanyinhuanbaoguangtai/2020/5/17/8625353853530f4ba583f1cebe5dc3ae6c.shtml

续表

时间	类型	起因	死亡人数/人	受伤人数/人	发生场所	所在城市	信息来源	信息来源
5月8日	施工事故	施工致燃气泄漏	0	0	市政管道	四川成都	四川省应急管理厅	https://yjt.sc.gov.cn/scyjt/anquanyinhuanbaoguangtai/2020/5/17/86253538530f4ba583f1cebe5dc3ae6c.shtml
5月12日	中毒窒息事故	矿道发生中毒窒息事故	1	0	矿山	安徽铜陵	安徽网	http://www.ahwang.cn/anhui/20200703/2106404.html
5月12日	施工事故	施工挖破燃气管道	0	0	道路	上海	新民网	http://newsxmwb.xinmin.cn/shanghaitan/2020/05/13/31726585.html
5月13日	施工事故	施工损坏燃气管线	0	0	市政管道	四川成都	四川省应急管理厅	https://yjt.sc.gov.cn/scyjt/anquanyinhuanbaoguangtai/2020/5/17/86253538530f4ba583f1cebe5dc3ae6c.shtml
5月18日	施工事故	施工挖断天然气管道	0	0	市政管道	安徽阜阳	临泉县人民政府	https://www.linquan.gov.cn/xxgk/detail/content/5fd1e4427t8b9a4c278b456a.html
5月20日	水灾	暴雨致下水道雨水倒灌	0	0	地下室	湖南永州	今日永州	https://baijiahao.baidu.com/s?id=1667372984038524319&wfr=spider&for=pc
5月21日	水灾	地下车库进水	0	1	地下车库	广东广州	新京报	http://www.bjnews.com.cn/house/2020/05/28/732383.html
5月23日	施工事故	作业中厂区地面坍塌	0	0	道路	浙江宁波	光明网	https://m.gmw.cn/baijia/2020-05-24/1301239566.html
5月24日	其他	地下管线爆炸	0	0	市政管道	广西玉林	玉林新闻网	https://www.gxxy1news.com/html/news/2020/05/195354.html
5月27日	中毒窒息事故	污水处理厂作业中发生中毒事故	0	2	市政管道	山东德州	环球网	https://baijiahao.baidu.com/s?id=1668009475668325856&wfr=spider&for=pc
5月29日	火灾	在建地下车库起火	0	0	地下车库	云南昆明	人民网	http://yn.people.com.cn/n2/2020/0529/c372456-34050758.html
5月29日	地质灾害	长期降水导致路面沉降	0	0	道路	江苏南京	扬子晚报	http://news.yangtse.com/content/933638.html
5月30日	中毒窒息事故	倒虹吸井作业发生沼气中毒	3	0	市政管道	安徽宿州	安徽网	https://baijiahao.baidu.com/s?id=1668445605756524546&wfr=spider&for=pc
5月30日	火灾	地下室起火	0	0	地下室	安徽铜陵	凤凰网	http://ah.ifeng.com/a/20200603/14305968_0.shtml
6月3日	施工事故	供水管道被挖破	0	0	道路	湖北十堰	十堰晚报	http://sywb.10yan.com/html/20200604/86987.html
6月5日	中毒窒息事故	污水处理站清淤发生意外	3	0	市政管道	河南郑州	新京报	https://baijiahao.baidu.com/s?id=1668661252988312644&wfr=spider&for=pc
6月6日	施工事故	施工损坏天然气管道	0	0	市政管道	四川泸州	中国新闻网	http://www.sc.chinanews.com.cn/bwbd/2020-06-08/129436.html
6月6日	地质灾害	暴雨致路面塌方山体滑坡	0	0	道路	广西桂林	平乐县融媒体中心	https://www.sohu.com/a/400947997_120206867

续表

时间	类型	起因	死亡人数/人	受伤人数/人	发生场所	所在城市	信息来源
6月7日	地质灾害	雨水带走泥沙致地面下陷	0	0	道路	广东广州	央广网	http://www.cnr.cn/gd/gdlcx/20200607/t20200607_525111533.shtml
6月9日	施工事故	地铁工程发生施工事故	1	0	轨道交通	福建福州	人民网	http://fj.people.com.cn/n2/2020/0622/c181466-34105672.html
6月9日	水灾	地下车库被淹	0	0	地下车库	湖南长沙	环球网	https://baijiahao.baidu.com/s?id=1669179935043659857&wfr=spider&for=pc
6月10日	施工事故	施工致路面塌陷	0	0	道路	安徽合肥	安徽网	https://baijiahao.baidu.com/s?id=1669158988401171161&wfr=spider&for=pc
6月11日	地质灾害	道路发生地陷	0	0	道路	广东广州	凤凰网	https://news.ifeng.com/c/7xDmbDPIoMi
6月12日	其他	地铁站外屏蔽门爆裂	0	0	轨道交通	广东广州	环球网	https://china.huanqiu.com/article/3ycaGvGCIKv
6月12日	水灾	地下室被淹	0	0	地下室	安徽合肥	凤凰网	http://ah.ifeng.com/a/20200613/14254605_0.shtml
6月12日	地质灾害	连续暴雨导致路面塌方	0	0	道路	广西柳州	南国今报	https://epaper.gxrb.com.cn/ngjb/html/2020-06/13/content_3041474.htm
6月12日	水灾	地下车库被淹	0	0	地下车库	安徽合肥	安徽商报	http://ah.sina.com.cn/news/2020-06-16/detail-iirczymk7208083.shtml?from=ah_ydph
6月13日	中毒窒息事故	污水处理站发生中毒窒息事故	4	5	市政管道	浙江湖州	湖州市应急管理局	http://yjglj.huzhou.gov.cn/art/2020/8/7/art_1229208639_58920107.html
6月14日	其他	地下车库发生交通事故	0	0	地下车库	湖南长沙	红网	https://people.rednet.cn/front/messages/detail?id=3905567
6月15日	水灾	暴雨致地下室积水严重	0	0	地下室	江苏南京	光明网	https://www.360kuai.com/pc/9703fb6c02751393e?cota=3&kuai_so=1&sign=360_57c3bbd1&refer_scene=so_1
6月15日	火灾	地下室发生火灾	0	0	地下室	浙江杭州	新京报	https://baijiahao.baidu.com/s?id=1669646115453858643&wfr=spider&for=pc
6月15日	水灾	地下超市被淹	0	0	地下商场	江苏南京	北青网	http://news.ynet.com/2020/06/15/2662864t70.html
6月15日	水灾	地下车库进水	0	0	地下车库	湖北襄阳	汉江网	http://www.hj.cn/p/832374.html
6月22日	施工事故	地铁施工工人触电身亡	1	0	轨道交通	广东深圳	深圳市盐田区应急管理局	http://www.yantian.gov.cn/ytaqscddglj/gkmlpt/content/8/8143/post_8143938.html#18113
6月22日	火灾	地下车库轿车起火	0	0	地下车库	上海	新民网	http://newsxmwb.xinmin.cn/shanghaitan/2020/06/24/31752956.html
6月23日	地质灾害	高速发生路面沉陷	0	0	道路	青海海西	中国新闻网	http://k.sina.com.cn/article_1784473157_6a5cc64502001wp67.html
6月26日	水灾	地下车库积水严重	0	0	地下车库	重庆	重庆广电	https://www.cqcb.com/hot/2020-07-01/2621015_pc.html

续表

时间	类型	起因	死亡人数/人	受伤人数/人	发生场所	所在城市	信息来源	
6月27日	水灾	积水倒灌地下车库	0	0	地下车库	安徽合肥	凤凰网	http://ah.ifeng.com/a/20200629/14403399_0.shtml
6月27日	水灾	地下车库被淹没	0	0	地下车库	湖北宜昌	北青网	https://baijiahao.baidu.com/s?id=1670632141851928939&wfr=spider&for=pc
6月28日	火灾	天然气管道泄漏引发火灾	0	0	市政管道	江苏扬州	荔枝网	http://news.jstv.com/a/20200628/1593577301171.shtml
6月28日	火灾	地下车库新能源车起火	0	0	地下车库	浙江杭州	杭州网	https://hznews.hangzhou.com.cn/shehui/content/2020-06/29/content_7764063.htm
6月29日	地质灾害	山体滑坡	0	0	山体	湖北恩施	中国青年报	https://baijiahao.baidu.com/s?id=1670992202266497202&wfr=spider&for=pc
6月29日	施工事故	施工引起路面沉降	0	0	道路	湖北武汉	荆楚网	https://news.cnhubei.com/content/2020-07/07/content_13185502.html
6月30日	中毒窒息事故	矿井发生中毒窒息事故	2	1	矿山	安徽铜陵	安徽网	http://www.ahwang.cn/anhui/20200703/2106404.html
6月30日	地质灾害	雨水冲刷致路面塌陷	0	0	道路	河北石家庄	长城网	https://baijiahao.baidu.com/s?id=1671483503780101503&wfr=spider&for=pc
6月30日	地质灾害	水土流失致路面塌陷	0	0	道路	浙江杭州	杭州网	https://baijiahao.baidu.com/s?id=1670901488013242207&wfr=spider&for=pc
6月30日	地质灾害	地面塌陷系管道渗漏导致水土流失所致	0	0	道路	浙江杭州	杭州网	https://hznews.hangzhou.com.cn/shehui/content/2020-06/30/content_7765159.htm
7月1日	中毒窒息事故	污水管道施工发生窒息事故	3	0	市政管道	河南南阳	中国新闻网	https://baijiahao.baidu.com/s?id=1671201429754105488&wfr=spider&for=pc
7月2日	中毒窒息事故	深基坑作业发生窒息事故	5	0	市政管道	湖南衡阳	中国青年报	https://baijiahao.baidu.com/s?id=1680756995832510890&wfr=spider&for=pc
7月2日	火灾	地下车库起火	0	0	地下车库	浙江杭州	环球网	https://www.sogou.com/link?url=hedJjaC291P0-qYe_PkKb0UmYNd42pkf0EUplc2wS-qlxZzykL7siFMubSKpWBWJ
7月2日	水灾	地下车库被淹	0	0	地下车库	浙江嘉兴	浙江新闻	https://www.sogou.com/link?url=hedJjaC291MrVsfFiZiRHvTkpBfe_PStm1gaeKu7ublOpXv64ckN_pWHkhk9Kp1
7月4日	施工事故	施工挖断天然气主管道	0	0	市政管道	河南信阳	信阳消防	http://www.kanxinyang.cc/xinwen/20200709/article_18065.html
7月6日	地质灾害	暴雨致供水主管道爆裂	0	0	市政管道	安徽池州	安徽网	http://cz.ahwang.cn/xinwen/20200709/2112805.html
7月7日	地质灾害	大雨致路面塌陷	0	0	道路	湖北武汉	凤凰网	https://www.sogou.com/link?url=NdaMVEDuTuVYxttVsKwcOiR44gNwLxaiS54AcH0fMdn0sxIO6rVdhPrchZ9fDwVe

续表

时间	类型	起因	死亡人数/人	受伤人数/人	发生场所	所在城市	信息来源	
7月8日	火灾	地下车库着火	0	0	地下车库	上海	新民晚报	https://baijiahao.baidu.com/s?id=1671817030442112105&wfr=spider&for=pc
7月10日	其他	地下车库通风管道塌落	0	0	地下车库	上海	新民晚报	https://baijiahao.baidu.com/s?id=1671889077436368283&wfr=spider&for=pc
7月10日	地质灾害	持续暴雨致路面沉陷	0	0	道路	四川南充	红星新闻	https://baijiahao.baidu.com/s?id=1671924631803731653&wfr=spider&for=pc
7月11日	其他	地下车库发生交通事故	0	1	地下车库	浙江杭州	环球网	https://www.sogou.com/link?url=hedJjaC291PUJVdPjgARtm6BflR3wa9WqceeH3_CyVK7EI_iSe0_Vm_ERP47H_Q
7月12日	施工事故	在建基坑坍塌	3	0	建筑工地	广西百色	新京报	https://baijiahao.baidu.com/s?id=1672087510515143414&wfr=spider&for=pc
7月12日	地质灾害	暴雨引发滑坡路面坍塌	0	0	道路	云南昭通	大众网	http://www.dzwww.com/xinwen/shehuixinwen/202007/t20200713_6241556.htm
7月13日	施工事故	施工挖破燃气管道	0	0	道路	浙江宁波	中国宁波网	http://news.cnmb.com.cn/system/2020/07/13/030170232.shtml
7月15日	施工事故	施工挖断燃气管道	0	2	市政管道	黑龙江哈尔滨	东北网	https://baijiahao.baidu.com/s?id=1672432109321169508&wfr=spider&for=pc
7月15日	水灾	地下车库被淹	0	0	地下车库	重庆	重庆网络广播电视台	https://www.cqcb.com/hot/2020-07-15/269019.html
7月18日	地质灾害	自来水管破裂造成路面沉降	0	0	市政管道	湖南湘潭	环球网	https://baijiahao.baidu.com/s?id=1672555180449882124&wfr=spider&for=pc
7月19日	地质灾害	暴雨致路面坍塌	0	0	道路	安徽合肥	人民网	http://ah.people.com.cn/n2/2020/0719/c358266-34167230.html
7月19日	地质灾害	道路地基下沉	0	0	道路	湖北十堰	十堰市政府网	https://www.sogou.com/link?url=DSOYnZeCC_p2ZZskDOyf4xK8P6Sn75Jm86G6l1Xy97FXAR417p3WL1JdxBV6BuzvzvxV066vhS9SOKJJzPKxFgShSyfDFDpk
7月19日	地质灾害	长期暴雨致路面沉降	0	0	道路	陕西安康	华南网	http://news.hsw.cn/system/2020/0719/1211908.shtml
7月22日	地质灾害	暴雨致山体滑坡	0	0	山体	重庆	人民日报	https://baijiahao.baidu.com/s?id=1673258882430942210&wfr=spider&for=pc
7月22日	水灾	地下商场雨水倒灌	0	0	地下商场	黑龙江哈尔滨	生活报	https://news.sohu.com/a/409158527_172952
7月22日	水灾	地下车库被淹	0	0	地下车库	山东青岛	半岛网	http://news.bandao.cn/a/399407.html
7月24日	地质灾害	人行道塌路	0	0	市政管道	山东青岛	半岛网	http://news.bandao.cn/a/391011.html

续表

时间	类型	起因	死亡人数/人	受伤人数/人	发生场所	所在城市	信息来源
7月25日	中毒窒息事故	管道井发生沼气中毒	0	0	市政管道	吉林通化	吉林网络广播电视台	http://www.jlntv.cn/folder2228/folder2229/folder2441/2020-07-28/1307885.html
7月28日	地质灾害	强降雨致地表塌陷	6	0	道路	河北唐山	中国新闻网	https://news.ifeng.com/c/7fa5ZNjw6B4
7月29日	施工事故	综合管廊施工发生坍塌事故	2	3	建筑工地	陕西渭南	环球网	https://baijiahao.baidu.com/s?id=1673649693749819511&wfr=spider&for=pc
7月31日	水灾	强降雨商场地下一楼被淹	0	0	地下商场	山东临沂	齐鲁晚报	https://baijiahao.baidu.com/s?id=1673714810511361872&wfr=spider&for=pc
7月31日	地质灾害	污水管网损坏严重致路面塌陷	0	0	道路	内蒙古呼和浩特	正北方网	https://baijiahao.baidu.com/s?id=1673998166117283667&wfr=spider&for=pc
8月2日	水灾	地下一层商户被淹	0	0	地下商场	北京	北京日报	https://baijiahao.baidu.com/s?id=1673972155358192663&wfr=spider&for=pc
8月3日	火灾	地下停车场纵火	0	0	地下车库	浙江温州	瓯海区人民政府	http://www.ouhai.gov.cn/art/2020/8/11/art_1248639_54302260.html
8月4日	施工事故	燃气管道试压过程中受压爆裂	1	2	市政管道	安徽合肥	安徽网	http://www.ahwang.cn/hefei/20200805/2138475.html
8月5日	地质灾害	强降雨道路塌陷	0	0	道路	甘肃庆阳	环球网	https://www.sogou.com/link?url=hedJjaC291P0-qYe_PkKb0UmYNd42pkfDnNvfpFZ2VY911TKm8deh0F2hqO2HjY
8月6日	中毒窒息事故	电力排管自检发生窒息事故	0	3	市政管道	河南郑州	中国发展网	https://baijiahao.baidu.com/s?id=1676651360637437086&wfr=spider&for=pc
8月6日	水灾	大雨致地下车库被淹	0	0	地下车库	山东青岛	半岛网	http://news.bandao.cn/a/400195.html
8月6日	地质灾害	人行道路面塌陷	0	1	道路	北京	新京报	http://www.bjnews.com.cn/news/2020/08/06/756048.html
8月6日	地质灾害	洪水致路面坍塌	0	0	道路	甘肃陇南	中国新闻网	https://www.sogou.com/link?url=hedJjaC291Osj6fmiZw1ZvXUIQL07XXmS15qILjOu7Z95dpjwhd79Df9-imtmzvu0VeQNYkCBTpBl39eb6T9ycteDUf005
8月7日	水灾	暴雨致地下室进水	0	0	地下室	陕西渭南	西部网	https://news.cnwest.com/bwyc/a/2020/09/04/19061045.html
8月8日	中毒窒息事故	井下光纤施工发生中毒和窒息事故	1	2	市政管道	河南郑州	中国发展网	https://baijiahao.baidu.com/s?id=1676651360637437086&wfr=spider&for=pc

续表

时间	类型	起因	死亡人数/人	受伤人数/人	发生场所	所在城市	信息来源	
8月9日	中毒窒息事故	再生水管线工程发生中毒和窒息事故	2	0	市政管道	河南郑州	中国发展网	https://baijiahao.baidu.com/s?id=1676651360637437086&wfr=spider&for=pc
8月10日	施工事故	地铁施工大型设备倒塌	1	1	轨道交通	浙江杭州	央视新闻	https://baijiahao.baidu.com/s?id=1674730056184218067&wfr=spider&for=pc
8月10日	地质灾害	水土流失致路面塌陷	0	0	道路	安徽合肥	合肥晚报	http://365jia.cn/news/2020-08-10/F2CBD2FE8DFAA409.html
8月15日	水灾	小区地下室漏水	0	0	地下室	山东济南	凤凰网	http://sd.ifeng.com/c/7zSNRGC4Oe
8月16日	施工事故	污水管线施工致土方坍塌	3	0	市政管道	黑龙江绥化	中国质量新闻网	https://www.sogou.com/link?url=DSOYnZeCC_r2xiYquXTCNlUTY5XbC4FKwq5vpKXADIPHWQMNZXBnevKfo0zuEhp4G1oRP04SnffeHn9jWoPyO8SqO1fnK3P
8月17日	水灾	地下室漏水	0	0	地下车库	河南三门峡	大河网	https://news.dahe.cn/2020/08-21/714073.html
8月17日	水灾	小区地下车库被淹	0	0	地下车库	云南昆明	春城晚报	https://www.sogou.com/link?url=6YUuC6e6hWZNg15qDAmpnmzQt83wUHhSCO0aLmxkgBUA0lXoZBonLRuuzpTJXyOE8ukjHmt6A44XA1Ba42txQ63mlRzfPLR2
8月18日	水灾	积水涌入地下超市	0	0	地下商场	四川乐山	四海网	https://www.sogou.com/link?url=hedJjaC291McObjG41-ZJtN5OE271_hkx6ZXvZYFSwyp4_bFhzx0HzahLAXRq7bM
8月18日	火灾	地下车库突发火灾	0	0	地下车库	浙江杭州	杭州网	https://baijiahao.baidu.com/s?id=1675330623434172868&wfr=spider&for=pc
8月19日	水灾	景区地下车库淹水	0	0	地下车库	重庆	新京报	https://baijiahao.baidu.com/s?id=1675437394873601029&wfr=spider&for=pc
8月20日	水灾	地下综合体洪水倒灌	0	0	地下商场	重庆	新京报	https://www.sogou.com/link?url=DSOYnZeCC_r08wqJDDOTwExiU6vJkas7NSIp9QfXINAW1LICbreVItkJ2fw4mNFv0ztd7q5nl6o.
8月21日	火灾	地下室起火	0	0	地下室	山东济南	鲁网	https://baijiahao.baidu.com/s?id=1675602284448885867&wfr=spider&for=pc
8月22日	中毒窒息事故	污水处理站维修发生中毒事故	2	0	市政管道	安徽宿州	安徽省应急管理厅	http://yjt.ah.gov.cn/public/9377745/14484078l.html
8月22日	水灾	地下停车场积水	0	0	地下车库	四川泸州	贵州网络广播电视台	https://www.gzstv.com/a/7829151388e0344979a318d05640ca0a1
8月23日	中毒窒息事故	工人被困造成窒息	2	1	市政管道	安徽滁州	安徽网	https://baijiahao.baidu.com/s?id=1675919789410999542&wfr=spider&for=pc
8月23日	地质灾害	公路路基下沉	0	0	道路	青海果洛	环球网	https://www.sogou.com/link?url=hedJjaC291PvQ62fE08zgNf_1bExWck2f5QFT2Hn6qGWRG2CP_09PRE8wM4URHE

续表

时间	类型	起因	死亡人数/人	受伤人数/人	发生场所	所在城市	信息来源	信息来源
8月26日	中毒窒息事故	化粪池发生中毒事故	2	3	市政管道	北京	中国发展网	https://baijiahao.baidu.com/s?id=1676651360637437086&wfr=spider&for=pc
8月26日	水灾	地下车库积水	0	0	地下车库	山东青岛	半岛网	http://news.bandao.cn/a/401478.html
8月26日	地质灾害	道路路面开裂沉降	0	0	道路	广西南宁	广西日报	https://baijiahao.baidu.com/s?id=1676230023047837809&wfr=spider&for=pc
8月28日	水灾	地下室雨后积水	0	0	地下室	青海西宁	西海都市报	https://epaper.tibet3.com/xhdsb/page/26/2020-09/01/A6/20200901A6_pdf.pdf
8月30日	地质灾害	地下水冲走填土造成地面沉降	0	0	道路	广东广州	光明网	https://m.gmw.cn/baijia/2020-09/01/1301513795.html
9月3日	其他	天然气管道突然爆裂	0	0	市政管道	云南文山	云南网	https://yn.yunnan.cn/system/2020/09/03/030939697.shtml
9月3日	地质灾害	自来水管漏水致路面沉降	0	0	道路	广东广州	澎湃新闻	https://www.thepaper.cn/newsDetail_forward_9010395
9月3日	地质灾害	污水管损坏致路面沉陷	0	0	道路	上海	新民晚报	https://baijiahao.baidu.com/s?id=1676871273781702330&wfr=spider&for=pc
9月4日	火灾	燃气管道泄漏引发火灾	0	0	市政管道	四川巴中	四川在线	https://bazhong.scol.com.cn/shms/202009/57893327.html
9月9日	施工事故	施工挖断燃气管线	0	0	市政管道	北京	北京日报	https://baijiahao.baidu.com/s?id=1688954132474675213&wfr=spider&for=pc
9月10日	施工事故	在建隧道塌方	9	0	隧道	广西百色	环球网	https://baijiahao.baidu.com/s?id=1677882837527751697&wfr=spider&for=pc
9月10日	施工事故	周边地下室开挖致路面塌陷	0	0	道路	浙江温州	瓯海新闻网	http://www.ohnews.cn/system/2020/09/11/013880037.shtml?from=singlemessage
9月12日	施工事故	地铁施工发生倾覆事故	2	6	轨道交通	广东深圳	环球网	https://www.sogou.com/link?url=hedJjaC291PvQ62fE08zgNf_lbExWck2I5QFTf2Hn6rW2R7L5OLNyhO7-nTpgfnp
9月12日	火灾	新能源汽车起火	0	0	地下车库	浙江杭州	杭州网	https://hznews.hangzhou.com.cn/shehui/content/2020-09/12/content_7811539.htm
9月13日	水灾	地下通道被淹	0	0	地下通道	浙江舟山	舟山消防	http://www.zhoushan.cn/pd/119/202009/t20200915_986238.html
9月14日	施工事故	施工挖断天然气管道	0	0	市政管道	甘肃兰州	北京晚报	https://baijiahao.baidu.com/s?id=1677804144402542026&wfr=spider&for=pc
9月14日	水灾	地下通道积水	0	0	地下通道	贵州贵阳	贵阳晚报	https://baijiahao.baidu.com/s?id=1677777523407004968&wfr=spider&for=pc
9月16日	地质灾害	山体塌方事故	3	0	山体	云南昆明	人民日报	https://baijiahao.baidu.com/s?id=1678039694688054847&wfr=spider&for=pc
9月22日	施工事故	施工挖破管道致燃气泄漏	0	0	市政管道	广东梅州	梅州网	https://www.sogou.com/link?url=hedJjaC291MDxZj7YyNkQKPx4S0_R61LLNsdg46mny5cPGe61Ir4gtycteDUf005

续表

时间	类型	起因	死亡人数/人	受伤人数/人	发生场所	所在城市		信息来源
9月22日	地质灾害	连续降雨致地面下陷	0	0	道路	湖北武汉	荆楚网	https://www.sogou.com/link?url=6IqLFeTuIyIJjK2C5mBMwjnQedp38BA2p1gALXcZYWzK9ECqOndLPrZvSnyO6isLR_8BvaV8yOLlHCPQSWLMzK3mlRzrPLR2
9月24日	施工事故	施工挖断燃气管道	0	0	市政管道	山东滨州	凤凰网	https://sd.ifeng.com/c/803GNjYkz9E
9月24日	施工事故	施工工程渗水致路面沉陷	0	0	道路	浙江杭州	萧山网	https://www.xsnet.cn/news/hz/2020_9/3287243.shtml
9月27日	地质灾害	排水管网渗水致路面下沉	0	0	道路	湖北武汉	央广网	https://www.sogou.com/link?url=DSOYnZeCC_of1jB9gcg5jn0HRvnmQrj1h2ogb2xSloOkTEdSxDB7StcQIrVrMvsJhG6WgrCMpGcU3tzYkrwUEa4to0wa_Tif
10月3日	地质灾害	回填土流失致地面塌陷	0	0	道路	山东济南	央广网	http://www.cnr.cn/sd/gd/20201128/t20201128_525345902.shtml
10月9日	地质灾害	路面塌陷	0	0	道路	天津	今晚报	https://www.sohu.com/a/423329221_571524
10月10日	水灾	地下通道积水	0	0	地下通道	湖北十堰	秦楚网	https://www.sogou.com/link?url=DSOYnZeCC_qQHrBoCZGZHcVOhhdNQFxxybXUp8EB3jhaSiBuvaHNfLbAp6VRqT6Q
10月10日	地质灾害	道路突然塌陷	0	0	道路	广西桂林	桂林日报	https://baijiahao.baidu.com/s?id=1680435880192799099&wfr=spider&for=pc
10月10日	地质灾害	雨水冲刷致地面塌陷	0	0	道路	广西南宁	南宁新闻网	https://www.sogou.com/link?url=DSOYnZeCC_pEnLWd0AGIRtE9q_0G6d6nbQisTKgHYmxC5dKX981xKrbAp6VRqT6Q
10月11日	水灾	墙体渗水致地下通道积水	0	0	地下通道	江西抚州	澎湃新闻	https://www.thepaper.cn/newsDetail_forward_9544433
10月18日	施工事故	施工挖破天然气管道	0	0	市政管道	湖北武汉	人民网	http://hb.people.com.cn/n2/2020/1018/c194063-34356948.html
10月19日	水灾	管道漏水，水淹道路	0	0	市政管道	山东济南	齐鲁晚报	https://baijiahao.baidu.com/s?id=1680969487325312280&wfr=spider&for=pc
10月20日	地质灾害	快车道塌陷	0	0	道路	贵州贵阳	贵阳网	https://baijiahao.baidu.com/s?id=1681043231583333302&wfr=spider&for=pc
10月21日	地质灾害	地下水上涌、地面下陷	0	0	道路	贵州贵阳	贵州网	http://www.gog.cn/zonghe/system/2020/10/21/017750991.shtml
10月22日	施工事故	施工挖断燃气管道	0	0	市政管道	湖北十堰	秦楚网	https://www.sogou.com/link?url=DSOYnZeCC_qQHrBoCZGZHcVOhhdNQFxxAtnNYtw2GaQftN3iizoyA7bAp6VRqT6Q
10月28日	施工事故	地铁施工挖断中水管	0	0	轨道交通	云南昆明	五华区华山街道办事处	http://www.jing111.com/c/102Q41N2020.html

续表

时间	类型	起因	死亡人数/人	受伤人数/人	发生场所	所在城市	信息来源
10月28日	地质灾害	地质疏松致路面发生沉降	0	0	道路	广东佛山	光明网	https://m.gmw.cn/baijia/2020-10/29/1301736894.html
10月29日	火灾	地下燃气管道泄漏引发大火	0	0	地下车库	江西南昌	中国新闻网	https://www.sogou.com/link?url=hedJjaC291Osj6fmiZw1ZvXUIQL07XXmS15bqILjOu7Z9Sdpjwhd79WTfyFsrqImaiIE5AyS0A8dG4ukW5nTFNycteDUf005
10月30日	地质灾害	矿山发生地面塌陷	2	0	矿山	辽宁朝阳	澎湃新闻	https://www.thepaper.cn/newsDetail_forward_9958564
11月1日	施工事故	桥梁维修发生坍塌事故	7	5	建筑工地	天津	新华社	https://baijiahao.baidu.com/s?id=1682154675192161548&wfr=spider&for=pc
11月1日	火灾	地下室堆放杂物引发火灾	0	0	地下室	宁夏固原	宁夏新闻网	http://www.nxnews.net/yc/ztyx/202011/t20201103_6912933.html
11月3日	施工事故	施工挖断供水管	0	0	市政管道	北京	新京报	https://baijiahao.baidu.com/s?id=1687494027662263050&wfr=spider&for=pc
11月3日	火灾	小区地下车库起火	0	0	地下车库	浙江杭州	环球网	https://baijiahao.baidu.com/s?id=1682330211541350544&wfr=spider&for=pc
11月5日	水灾	水管破裂致路面积水	0	0	市政管道	山东济南	齐鲁网	http://jinan.iqilu.com/jnms/2020/1105/4691537.shtml
11月5日	火灾	地下锅炉房起火	0	0	地下室	山西吕梁	吕梁消防	https://www.sohu.com/a/430972809_671206
11月8日	施工事故	建筑工地发生坍塌事故	2	2	建筑工地	河南郑州	中华网	https://henan.china.com/news/hot/2020/1109/2530122592.html
11月8日	施工事故	地铁施工发生塌方事故	1	0	轨道交通	河南郑州	河南都市频道	https://baijiahao.baidu.com/s?id=1682769050109055146&wfr=spider&for=pc
11月14日	施工事故	施工挖破燃气管道	0	0	市政管道	上海	新民网	http://newsxmwb.xinmin.cn/shanghaitan/2020/11/15/31846378.html
11月14日	施工事故	施工挖断天然气管道	0	0	市政管道	湖北十堰	潇十堰广电网	http://www.syiptv.com/article/show/134031
11月16日	火灾	地下车库起火	0	0	地下车库	陕西西安	华商网	http://news.hsw.cn/system/2020/1116/1261000.shtml
11月17日	火灾	地下仓库失火	0	0	地下车库	江苏扬州	北青网	https://www.sogou.com/link?url=6IqLFeTuIyiMi-zo1PIAi8VOhhdNQFxxp2KITDmHbbQq8KN5xM_VZ3_hcuqSRE85
11月18日	施工事故	地下室工地发生高处坠落	1	0	建筑工地	广东深圳	龙华政府网	http://www.szlhq.gov.cn/zdlyxxgk/aqsc/dcbg/content/post_8641792.html
11月19日	施工事故	施工挖断热力管	0	0	市政管道	北京	新京报	https://baijiahao.baidu.com/s?id=1687494027662263050&wfr=spider&for=pc
11月19日	中毒窒息事故	工人地下作业中毒被困	0	3	地下室	湖北荆州	荆州新闻网	https://baijiahao.baidu.com/s?id=1684228257551180316&wfr=spider&for=pc
11月19日	火灾	地下车库突发火灾	0	0	地下车库	上海	新民网	http://newsxmwb.xinmin.cn/shanghaitan/2020/11/21/31850171.html

续表

时间	类型	起因	死亡人数/人	受伤人数/人	发生场所	所在城市	信息来源
11 月 20 日	火灾	人防工程起火	0	0	地下车库	湖南长沙	新京报	https://baijiahao.baidu.com/s?id=1683867455332527595&wfr=spider&for=pc
11 月 21 日	施工事故	施工挖断燃气管道	0	0	市政管道	北京	新京报	https://baijiahao.baidu.com/s?id=1687494027662263050&wfr=spider&for=pc
11 月 21 日	施工事故	施工破坏燃气管线	0	0	市政管道	北京	北京市应急管理局	http://yjglj.beijing.gov.cn/art/2020/11/26/art_6058_662770.html
11 月 24 日	施工事故	施工挖断燃气管道	0	0	市政管道	广西南宁	光明网	https://m.gmw.cn/baijia/2020-11/25/1301838450.html
11 月 25 日	火灾	地下室吸烟引发火灾	0	0	地下室	河南漯河	中原经济网	https://www.zyjjw.cn/lh/news/2020-11-27/653125.html
11 月 26 日	施工事故	施工挖断自来水管道	0	0	市政管道	北京	新京报	https://baijiahao.baidu.com/s?id=1687494027662263050&wfr=spider&for=pc
11 月 26 日	施工事故	顶管作业导致燃气泄漏	0	0	市政管道	江西赣州	安全文化网	http://www.anquan.com.cn/html/news/china/2020/1127/90776.html
12 月 1 日	火灾	天然气管道被引燃	0	0	市政管道	重庆	重庆广电	https://www.cqcb.com/hot/2020-12-01/3354747_pc.html
12 月 3 日	火灾	地下线路老化起火	0	0	市政管道	湖北十堰	秦楚网	https://www.sogou.com/link?url=DSOYnZeCC_qQHrBoCZGZHcVOhhdNQFxx0U3vHE_AbHPD5_eWnAm797bAp6VRqT6Q
12 月 4 日	火灾	小区地库突然起火	0	0	地下车库	广西柳州	新疆报	https://www.sohu.com/a/436500456_217646
12 月 5 日	水灾	地下室管道漏水	0	0	地下室	青海西宁	青海新闻网	https://www.sogou.com/link?url=DSOYnZeCC_qrB5luejpn9nB1wb4wx1zDAVGneDgtcaoC6d1olYsX79R_hOv8jO7murlyDqqZJqY4T4diSFQkyHmfGkNvdZG
12 月 5 日	火灾	地下车库突发火灾	0	0	地下车库	江苏南京	现代快报	http://www.xdkb.net/p1/nj/20201206/139538.html
12 月 7 日	施工事故	施工挖断天然气管道	0	0	市政管道	广东茂名	茂名晚报	https://www.mm111.net/2020/12/08/99247662.html
12 月 7 日	施工事故	地铁围挡外地面出现局部坍塌	0	0	轨道交通	江苏南京	光明网	https://m.gmw.cn/baijia/2020-12/08/1301915772.html
12 月 10 日	火灾	地下室仓库发生火灾	0	0	地下室	上海	中国青年网	https://baijiahao.baidu.com/s?id=1685659125488255934&wfr=spider&for=pc
12 月 10 日	火灾	小区地下车库发生火情	0	0	地下车库	河北石家庄	河北交通广播	https://baijiahao.baidu.com/s?id=1685797087204192648&wfr=spider&for=pc
12 月 12 日	火灾	地下通道起火	0	0	地下通道	山东青岛	青岛新闻网	https://baijiahao.baidu.com/s?id=1685866491118782248&wfr=spider&for=pc
12 月 13 日	施工事故	铁矿发生一起生产事故	3	0	矿山	广东梅州	环球网	https://baijiahao.baidu.com/s?id=1688570706602096393&wfr=spider&for=pc
12 月 13 日	水灾	供暖管线漏水	0	0	市政管道	黑龙江哈尔滨	黑龙江网	https://www.chinahlj.cn/news/446835.html

续表

时间	类型	起因	死亡人数/人	受伤人数/人	发生场所	所在城市	信息来源	
12月15日	水灾	地下通道常积水	0	0	地下通道	甘肃兰州	每日甘肃网	https://www.sogou.com/link?url=MRoBrhLn5VNAC2VY-eZbSyILKDeHlcNPrzrRrV9EjQNMZN9kK_7Et2yHwo54VvihCVSkpd0dtee4QBj4f_Qid63mlRzfPLR2
12月18日	水灾	供热管网泄漏积水	0	0	市政管道	黑龙江哈尔滨	光明网	https://m.gmw.cn/baijia/2020-12/20/1301959205.html
12月19日	施工事故	施工挖断自来水管道	0	0	市政管道	山东潍坊	齐鲁网	http://weifang.iqilu.com/wfyaowen/2020/1219/4729108.shtml
12月19日	火灾	地下车库失火	0	0	地下车库	湖南湘潭	光明网	https://m.gmw.cn/baijia/2020-12/20/1301960251.html
12月21日	水灾	地下水管爆裂	0	0	市政管道	广西柳州	南国今报	https://epaper.gxrb.com.cn/ngjb/html/2020-12/22/content_3055455.htm
12月21日	施工事故	施工挖断供水干管	0	0	市政管道	江西乐平	乐平市广播电视台	https://baijiahao.baidu.com/s?id=1686747853724447022&wfr=spider&for=pc
12月23日	地质灾害	煤矿区域发生塌陷	0	0	矿山	山东济宁	国际煤炭网	https://coal.in-en.com/html/coal-2589612.shtml
12月23日	地质灾害	地面发生大面积塌陷	0	0	道路	黑龙江哈尔滨	生活报	https://www.yoojia.com/article/10020113217981635258.html
12月28日	施工事故	施工致地面沉降	0	0	道路	湖北武汉	新京报	https://m.bjnews.com.cn/detail/160915511815557.html
12月31日	施工事故	施工挖断天然气管道	0	0	市政管道	重庆	重庆广电	https://www.cqcb.com/hot/2020-12-31/3509809_pc.html

关于数据来源、选取以及使用采用的说明

1. 数据收集截止时间

本书中城市经济、社会和城市建设等数据收集截止时间为 2021 年 10 月 31 日。

2. 数据的权威性

本书所收集、采用的城市经济与社会发展等数据，均以城市统计网站、政府网站所公布的城市统计年鉴、城市建设统计年鉴、政府工作报告、统计公报为准。根据数据发布机构的权威性，按统计年鉴—城市建设统计年鉴—政府工作报告—统计公报—统计局统计数据的次序进行收集采用。

3. 数据的准确性

原则上以该报告年度统计年鉴的数据为基础数据，但由于中国城市统计数据对外公布的时间有较大差异，因此，以时间为标准，按本年度年鉴—本年政府工作报告—本年统计公报—上一年度年鉴—上一年度政府工作报告—上一年度统计公报—统计局信息数据—平面媒体或各级官方网站的次序进行采用。

本书部分数据合计数或相对数由于单位取舍不同产生的计算误差均未作机械调整；凡与本书有出入的蓝皮书历史数据，均以本书为准。

4. 多源数据的使用

因城市统计数据公布时间不一，本书的本年度部分深度数据缺失，而采用前一年度数据，或利用之前年度数据进行折算时，予以注明，并说明采用或计算的方法。

5. 国外相关数据的引用

摘自各国政府公开数据、维基百科英语版以及国外相关职能部门的官方网站。